TODO LO QUE HAY QUE SABER
SOBRE EL PLANETA TIERRA

KENNETH C. DAVIS

TODO LO QUE HAY QUE SABER SOBRE EL PLANETA TIERRA

Ilustraciones de Tom Bloom

ONIRO

Título original: *Don't Know Much About® Planet Earth*
Publicado en inglés por HarperCollins Publishers

Traducción de Joan Carles Guix

Diseño de cubierta: Valerio Viano

Distribución exclusiva:
Ediciones Paidós Ibérica, S.A.
Mariano Cubí 92 - 08021 Barcelona - España
Editorial Paidós, S.A.I.C.F.
Defensa 599 - 1065 Buenos Aires - Argentina
Editorial Paidós Mexicana, S.A.
Rubén Darío 118, col. Moderna - 03510 México D.F. - México

ISBN: 84-9754-084-0
Depósito legal: B-25.399-2003

Impreso en Hurope, S.L.
Lima, 3 bis - 08030 Barcelona

Impreso en España - *Printed in Spain*

ÍNDICE

AGRADECIMIENTOS

El nombre de un autor figura siempre en la cubierta de un libro, pero detrás del mismo hay un gran número de personas que han hecho posible su publicación. Me gustaría dar las gracias a todo el personal de HarperCollins, por haberme ayudado a hacer realidad este libro, incluyendo a Susan Katz, Kate Morgan Jackson, Barbara Lalicki, Harriett Barton, Rosemary Brosnan, Meredith Charpentier, Anne Dunn, Dana Hayward, Maggie Herold, Fumi Kosaka, Marisa Miller, Rachel Orr y Katherine Rogers. También deseo expresar mi agradecimiento a David Black, Joy Tutela y Alix Reid, por su amistad, su apoyo y sus extraordinarias ideas. Mi esposa, Joann, y mis hijos, Jenny y Colin, siempre han sido una fuente de inspiración, alegría y apoyo. Sin ellos no podría realizar mi trabajo.

Vaya también mi sincero agradecimiento para April Prince, por sus dedicados esfuerzos y magníficas contribuciones. Este libro no hubiera sido posible sin su infatigable trabajo, imaginación y creatividad.

INTRODUCCIÓN

¿Te has sentido «perdido» alguna vez? No simplemente confuso, sino realmente perdido, separado de tus padres en el supermercado o en un parque de atracciones, o peor aún, en la playa. Para la inmensa mayoría de nosotros, este angustioso sentimiento de estar perdido constituye una de las sensaciones más desagradables del mundo, y créeme, ¡todavía es peor para los padres!

Lo creas o no, mucha gente está permanentemente perdida. No separada de sus padres, sino completamente perdida cuando se trata de saber dónde se hallan en el globo terrestre. Son demasiados los que no conocen la diferencia entre Austria y Australia, Belice y Bélgica, o entre el ozono y una zona de prohibición de aparcar.

Ésta es la razón por la que me apasionan los mapas, ya se trate del plano del metro, de mapas de senderismo o de planos de museos o bien del mapa de España, del mundo o del espacio exterior. Me encanta mirarlos, estudiarlos y saber dónde estoy y adónde voy. Es divertido. Por otro lado, si sabes en todo momento dónde te encuentras, nadie podrá decirte «¡Piérdete!».

Todo lo que hay que saber sobre el planeta Tierra trata precisamente de saber dónde estamos, cómo llegamos hasta aquí y adónde podríamos ir. Éste es el significado de la geografía. No se trata solamente de memorizar las capitales de un sinfín de países o de ser capaz de localizar el río Mississippi. La geografía nos permite descubrir el mundo como lo haría un explorador. Nos abre las puertas del planeta y nos lleva hasta lugares remotos y extraordinarios, nos permite conocer todo tipo de gente y comprender por qué el mundo funciona tal como lo hace. *Todo lo que hay que saber sobre el planeta Tierra* es una forma divertida y fascinante de explorar nuestro planeta sin tener que soportar inexorablemente el molesto zumbido de los insectos. Así pues, ¡confío en que consigas perderte... en este libro!

CAPÍTULO 1

¿QUÉ TIENE DE ESPECIAL LA TIERRA?

¿Qué es la geografía?

La geografía es la ciencia que explica por qué estás donde estás –¡sí, sí, tú que ahora estás leyendo este libro!–. La geografía pregunta y responde a algunas de las cuestiones más básicas de la humanidad: ¿Dónde estoy? ¿Qué hay en el entorno? ¿Cómo llegué hasta allí? ¿Cómo es? ¿Por qué está allí?

La geografía es el gran cuenco de mezclas de todas las ciencias, pues engloba a todas las demás disciplinas. Si combinas un poco de historia, geología, meteorología, biología, economía, astronomía y casi cualquier otra «ología» u «onomía» que se te ocurra, empezarás a comprender lo que hacen los geógrafos: estudiar cómo modelamos la forma del mundo y cómo ésta nos modela también a nosotros.

¿Ha estado siempre ahí la Tierra?

La verdad es que siempre ha sido un planeta relativamente esférico; sólo abulta un poquito más en el ecuador. Pero lo cierto es que no siempre ha estado ahí. La Tierra y sus planetas vecinos empezaron siendo una ingente nube de polvo y gas. Luego, hace alrededor de 4.600 millones de años, algo, tal vez el estallido de una estrella cercana, dio un fuerte impulso a dicha nube y empezó a girar, convirtiéndose en un disco plano. La gravedad atrajo una parte del polvo y del gas hacia el centro del disco, donde se acumuló y se transformó en una bola de gases densa y terriblemente caliente. Fue así como nació el sol. La mayor parte del polvo y del gas restante dio origen a cúmulos de menor tamaño y más fríos, que se convirtieron en la Tierra y los demás planetas, los satélites, los asteroides y los cometas que se desplazan alrededor del sol.

¿Qué tiene de especial la Tierra?

De los nueve planetas que integran nuestro sistema solar, la Tierra es el único, que sepamos, que tiene vida. Como tercer planeta del sistema, la Tierra recibe la cantidad precisa de calor para mantener el agua en sus tres estados: líquido, vapor y hielo, así como para asegurar la supervivencia de los animales y las plantas. Asimismo, la atmósfera terrestre, es decir, la gran sábana de aire que la rodea, también es única. Contiene oxígeno para respirar, nos protege del calor del sol y de sus intensos y perjudiciales rayos, y mantiene cálido el planeta.

¿En qué se parece la Tierra a un melocotón?

Como es natural, la Tierra no tiene el aspecto ni el sabor de un melocotón, aunque ambos comparten algunas cosas. Al igual que un melocotón, nuestro planeta posee una finísima piel exterior: la corteza, y debajo de ella se halla el fruto jugoso o manto. El manto es una gruesa capa de rocas incandescentes y semifundidas llamadas magma. Debajo del manto está el hueso del melocotón, el núcleo terrestre, una bola sólida y muy caliente de hierro. Imaginemos ahora que la piel de nuestra Tierra amelocotonada se rebanara en dieciséis piezas de formas irregulares. Todas ellas –las placas– flotan alrededor de la superficie de la Tierra como gigantescos rafts en un mar de roca fundida.

Hace 230 millones de años se podía caminar de polo a polo

¡Es verdad! Por aquel entonces, toda la tierra firme de nuestro planeta estaba conectada, formando una única masa llamada pangeas (del griego, «todo tierra»). ¿Qué ha ocurrido desde entonces hasta ahora? Las placas terrestres se han desplazado en un proceso que se conoce como tectónica de placas. Aunque la mayoría de ellas apenas se mueven escasos centímetros al año, ¡imagina lo que significan estos escasos centímetros cuando proyectan a millones de años! En su día, la deriva continental separó el pangeas, formando los continentes y las islas que conocemos en la actualidad. Si observas detenidamente un planisferio del mundo, comprobarás que los bordes de algunos continentes, como América del Sur y África, aún podrían encajar perfectamente, al igual que las piezas de un rompecabezas.

Los continentes siguen desplazándose entre 2 y 15 cm cada año, de manera que dentro de algunos millones de años más, es probable que África oriental se separe del resto del continente, y que la península de la Baja California de México se separe de América del Norte.

Las placas terrestres se mueven tan lentamente que apenas nos damos cuenta de ello, aunque allí donde se unen o se separan, se producen escenas de violencia. En ocasiones, esta violencia aflora a la superficie de la Tierra en forma de terremotos, erupciones volcánicas o de la formación de nuevas montañas a partir del suelo llano.

¿Coincide todo el mundo en la existencia de siete continentes?

No. Por definición, un continente es simplemente una masa de tierra planetaria. Esta definición plantea un verdadero problema cuando se examina Europa y Asia, pues ambas forman una única y enorme masa terrestre. Ésta es la razón por la que algunos geógrafos opinan que Europa y Asia son un único continente, Eurasia, de tal modo que sólo existirían seis continentes en lugar de siete. Abordaremos esta cuestión con mayor profundidad en el capítulo 6. Pero dado que los continentes constituyen una forma de ayudarnos a organizar y a referirnos a las múltiples masas terrestres y pueblos del mundo, suele ser más útil hablar de siete: Asia, África, América del Norte, América del Sur, Antártida, Europa y Australia.

¿Cuál es el origen de los terremotos?

Si se lo preguntaras a los antiguos japoneses, le echarían la culpa al devastador *namazu*, un gigantesco pez gato que según creían habitaba bajo tierra, mientras que las tribus de Oriente Medio estaban convencidas de que los temblores eran un signo de la ira de Dios. Actualmente sabemos que los terremotos se producen cuando las placas, a causa de la presión acumulada, colisionan entre sí o se yuxtaponen. En efecto, cuando son incapaces de soportar la presión, liberan la carga de tensión deslizándose repentinamente a lo largo de las fallas, o grietas de la superficie de la Tierra. Cuando las rocas situadas en el borde de una falla se mueven rápidamente, generan ondas de choque que se desplazan a través de la tierra. La corteza se mueve hacia arriba, hacia abajo y de un lado a otro, convirtiendo lo que otrora parecía una superficie sólida en un bol de trémula gelatina.

¿Las mareas altas provocan un intenso oleaje?

Las olas derivadas de las mareas se conocen como *tsunamis*, un término japonés que significa «ola de rada». En realidad, los *tsunamis* no tienen nada que ver con las mareas normales y corrientes, pero sí, y mucho, con los movimientos sísmicos. Los terremotos que se producen en el suelo oceánico pueden provocar estas colosales y rapidísimas olas, capaces de recorrer grandes distancias y de arrasar ciudades costeras.

Fenómenos de la Naturaleza:

Algunos de los mayores terremotos de la historia del mundo

1202 Mediterráneo oriental

Un fuerte terremoto arrasó Siria y Egipto, destruyendo ciudades en Israel, Siria y Líbano. Algunas fuentes hablan de 1,1 millones de muertos, más que en cualquier otro desastre sísmico de la historia.

1556 Provincia de Shaanxi (China)

En este terrible terremoto murieron aproximadamente 830.000 personas.

1737 Calcuta (India)

En un fuerte terremoto que afectó a la superpoblada ciudad de Calcuta, perdieron la vida 300.000 personas.

1755 Lisboa (Portugal)

Uno de los terremotos urbanos más intensos jamás registrados arrasó la ciudad y causó la muerte de 60.000 habitantes. El temblor se dejó sentir en lugares tan alejados como Francia, África septentrional e incluso en Estados Unidos.

1811-1812 Nuevo Madrid, Missouri (Estados Unidos)

La mayor serie de movimientos sísmicos que afectaron a los cuarenta y ocho estados meridionales del país no provocó víctimas, ya que la zona estaba muy poco poblada. Los terremotos se sintieron en alrededor de dos tercios de Estados Unidos, provocando un intenso flujo de olas corriente arriba del río Mississippi que modificó el curso fluvial en varios tramos.

1923 Isla de Honshu (Japón)

Tres terremotos de 8,3 en la escala de Richter asolaron la isla principal de Japón. Tokio y Yokohama resultaron prácticamente destruidas por los movimientos sísmicos y los incendios. Hubo alrededor de 140.000 muertos y un millón de personas quedaron sin hogar.

1950 Assam (India)

Uno de los terremotos más violentos de la era moderna —8,7 en la escala de Richter— provocó la muerte de 20.000 a 30.000 personas. El desmoronamiento de las rocas subterráneas ocasionó innumerables explosiones y ruidos ensordecedores.

1960 Concepción (Chile)

En el terremoto más intenso jamás registrado –9,6 en la escala de Richter–, esta ciudad chilena resultó destruida por sexta vez a causa de los seísmos. Miles de personas perecieron como consecuencia del mismo. Asimismo, los tsunamis provocaron la muerte de muchos habitantes en Hawai, Japón y Filipinas.

1964 Cerca de Anchorage, Alaska (Estados Unidos)

El terremoto más violento que jamás haya asolado América del Norte alcanzó los 9,2 grados en la escala de Richter, provocando la muerte de 120 personas. El seísmo se sintió en todo el mundo, y los tsunamis llegaron hasta la mismísima costa de la Antártida.

1976 Tangshan (China)

El más letal de los movimientos sísmicos del siglo xx fue de 8,2 grados en la escala de Richter. Perecieron 250.000 personas.

1988 Armenia

Un terremoto de 6,9 grados en la escala de Richter dio muerte a casi 25.000 personas, dejando sin hogar a otras 400.000. Mucha gente pereció a causa del derrumbamiento de grandes edificios de viviendas de hormigón en las ciudades densamente pobladas de la región.

1990 Norte de Irán

Un terremoto de 7,7 grados destruyó ciudades y pueblos a lo largo de la costa del mar Caspio, dejando una cifra de 50.000 muertos y 400.000 personas sin hogar.

2001 Gujarat (India)

Un seísmo de 7,9 grados en la escala de Richter asoló India oriental, dejándose sentir en Pakistán, Bangladesh y Nepal. Al menos 30.000 personas fallecieron y otras 60.000 resultaron heridas, muchas de ellas como consecuencia del derrumbamiento de numerosos rascacielos que no se habían construido para soportar los terremotos. Un millón de personas quedaron sin hogar.

¿La escala de Richter mide la potencia destructiva de un terremoto?

No. Lo que mide la escala de Richter es la energía liberada por un seísmo. La escala parte de cero grados y llega hasta 9. Los terremotos más leves suelen alcanzar los 3 grados en la escala. Al llegar a los 5, las paredes pueden agrietarse y los objetos caerse de los estantes; de 6 a 6,9 los movimientos sísmicos pueden provocar graves daños en áreas pobladas; de 7 a 7,9 pueden provocar enormes daños; y a partir de 8 grados causan la destrucción total.

¿La tierra 8puede tragarse a la gente durante un terremoto?

Casi nunca. Es muy improbable que la tierra se abra, que espere a que alguien se precipite en su interior y que vuelva a cerrarse. En todos los registros históricos, sólo se ha producido una vez: una mujer en Japón, en 1948 (también le sucedió a una vaca en San Francisco, en 1906). La mayoría de las víctimas de los seísmos mueren al derrumbarse edificios o a raíz de los incendios que asolan la zona después del terremoto.

¿Rugen los volcanes inactivos?

No, los volcanes inactivos no rugen, aunque de vez en cuando se despiertan. Por definición, los volcanes inactivos son aquellos que no han entrado en erupción recientemente. De los aproximadamente 2.500 volcanes del planeta, la mayoría están inactivos o extinguidos (actividad cero), y la mayor parte de los 1.500 volcanes activos de nuestro planeta están situados a lo largo del Cinturón de Fuego que circunda el océano Pacífico.

«Una densa nube negra se abalanzó sobre nosotros, extendiéndose sobre la tierra como una avalancha. Nos invadió la oscuridad como si se hubiera apagado la lámpara en una habitación cerrada. Los edificios temblaban como si algo los estuviera arrancando de sus cimientos. Caían cenizas calientes y espesas, seguidas de una lluvia de piedra pómez y de rocas ennegrecidas, chamuscadas y agrietadas por las llamas (...). Estaba convencido de que todo el mundo se estaba muriendo y yo con él, hasta que al final un sol amarillento reveló un paisaje enterrado profundamente en cenizas.»

—El estadista romano Plinio el Joven describe la escena de la que fue testigo a la edad de diecisiete años cuando, en el año 79 a.C., entró en erupción el monte Vesubio durante su estancia en la bahía de Nápoles.

El Cinturón de Fuego es una faja larga y estrecha de actividad volcánica y sísmica que rodea el borde del océano Pacífico, donde las placas del Pacífico frotan y colisionan con las de América del Norte y del Sur, Australia y Asia oriental. En el Cinturón se halla la mayoría de los volcanes activos de la Tierra y se producen algunos de los terremotos más violentos. Asimismo, dicho emplazamiento coincide con algunas de las regiones más pobladas del planeta. Los seísmos suelen azotar China oriental, Japón, Rusia oriental, Oceanía, Alaska y la costa oeste de América del Norte y América del Sur con un inusitado poder destructivo.

Fenómenos de la Naturaleza:

Algunas de las erupciones volcánicas más importantes de la historia del mundo

Alrededor de 1480 d. C. Thera, mar Mediterráneo

Una potente erupción destruyó parte de la isla de Thera, conocida también como Santorini, dejando un cráter de más de 305 m de profundidad. Las cenizas, lluvias y tsunamis resultantes de la erupción pudieron haber destruido la gran civilización de la vecina isla de Creta, dando lugar a la leyenda de Atlantis, la isla arrasada por los dioses.

79 a.C. Monte Vesubio (Italia)

Si alguna vez has oído hablar de la ciudad perdida de Pompeya, el monte Vesubio es la razón. La erupción del Vesubio sepultó la ciudad romana y su vecina, Herculano. Más de 16.000 personas murieron asfixiadas por los gases volcánicos y fueron enterradas vivas por las cenizas y las rocas. Cuando por fin, en 1749, se realizaron excavaciones en la zona, los utensilios y los restos de los habitantes de la urbe estaban perfectamente conservados por las cenizas que los cubrían. En la actualidad se puede pasear por algunas partes de la ciudad.

1815 Monte Tambora (Indonesia)

Cuando el monte Tambora entró en erupción en una de las mayores explosiones volcánicas jamás registradas, el cielo se oscureció a causa de las cenizas y permaneció así durante tres días. Un año más tarde, la nube de cenizas todavía bloqueaba la luz solar, creando un «año sin verano» en lugares tan remotos como Nueva Inglaterra y Canadá. La nieve y las heladas eran frecuentes incluso en junio, julio y agosto. Alrededor de 90.000 personas perdieron la vida, en su mayoría como consecuencia del hambre y las enfermedades provocados por la destrucción.

1882 Krakatoa (Indonesia)

Tres volcanes que conforman la isla indonesia de Krakatoa estallaron en lo que ha sido la mayor erupción de la historia moderna. El fenómeno no sólo causó tsunamis de 40 m de altura, en los que perecieron ahogadas alrededor de 36.000 personas en Indonesia, sino que además expulsó en repetidas ocasiones una nube de polvo y ceniza que se extendió a todo el planeta. El estampido de la explosión se oyó a 4.828 km de distancia, convirtiéndolo en la erupción más ensordecedora de la historia.

1980 Monte Santa Elena (Estados Unidos)

La erupción en 1980 del monte Santa Elena, en el estado de Washington, fue la primera en ciento veintitrés años. Su fuerza fue tan extraordinaria que la ladera norte de la montaña se desmoronó por completo. Sólo perecieron 61 personas, pero la lava arrasó millones de plantas y animales. Actualmente, la zona está experimentando una rápida recuperación. Los árboles y otras plantas, así como los insectos, peces, aves y otros animales, están regresando al monte.

1985 Nevado del Ruiz (Colombia)

El hielo, la roca y las cenizas fundidas procedentes de una erupción de este volcán nevado se convirtieron en lahares (coladas de lava), sepultando una ciudad situada al pie del volcán y dando muerte a más de 23.000 personas.

¿Cómo se puede saber qué antigüedad tiene una montaña?

Por su forma. Cuanto más antigua es una cordillera, más redondeada tiene las cumbres. Con el tiempo, los bordes agudos se erosionan o desgastan por la acción del viento, la lluvia y el hielo. Las montañas de la cordillera del Himalaya, en Asia, relativamente jóvenes, aún son escarpadas, mientras que los montes Apalaches, en el este de América del Norte, constituyen un conjunto montañoso mucho más antiguo y de cimas redondeadas que en su día tuvieron el aspecto del Himalaya.

Fenómenos de la Naturaleza:

Los picos montañosos más elevados de cada continente

En todos los continentes hay montañas, e incluso en una buena parte del fondo oceánico. En realidad, la montaña más alta del mundo se halla en el océano Pacífico. Se trata del volcán Mauna Kea, en Hawai, que se eleva hasta 10.203 m desde el suelo oceánico. Aun así, no está considerado como la cumbre más alta del mundo, ya que sólo son visibles sobre la superficie del agua 4.205 m.

Es en el Himalaya donde están los picos más altos del planeta. En una lista de las diez montañas más altas se incluirían nueve de esta cordillera. Veamos cuáles son las cumbres más altas en cada continente:

Pico	Continente	País	Altura
Everest	Asia	China y Nepal	8.848 m
Aconcagua	América del Sur	Argentina	6.960 m
McKinley	América del Norte	Alaska (Estados Unidos)	6.194 m
Kilimanjaro	África	Tanzania	5.895 m
El'brus	Europa	Rusia	5.642 m
Macizo de Vinson	Antártida		4.897 m
Kosciuszko	Australia		2.228 m

¿Por qué la Tierra se ve azulada desde el espacio exterior?

Porque más de dos tercios del «planeta azul» están cubiertos de agua. Así pues, no deja de ser curioso que se designe con el nombre de la tierra firme. En el agua se inició toda la vida hace miles de millones de años. Alrededor del 97% de todos los seres vivos de la Tierra están en el océano. Hoy en día, los científicos creen que en las profundidades marinas existen diez millones de especies aún sin catalogar.

¿Cuántos océanos hay en la Tierra?

a uno   **c** cuatro

b cincuenta y tres   **d** siete

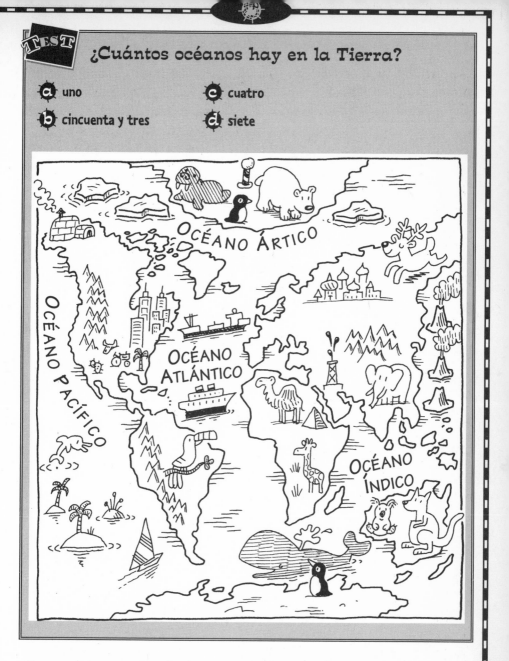

Si respondiste «a», estás en lo cierto, pero si tu respuesta fue «c» también acertaste. Si observas el globo terrestre comprobarás que todos los océanos del mundo están conectados, es decir, forman parte de la misma ingente masa de agua. Pero para simplificar las cosas, cuatro grandes secciones de dicha masa líquida se han bautizado con otros tantos nombres: Pacífico, Atlántico, Índico y Ártico.

Los océanos del mundo: ¿Quién soy?

- Soy el más grande de los océanos. ¡En realidad, cubro una mayor superficie que toda la tierra firme junta! También soy el océano más profundo y en mis aguas se halla la falla Mariana, el punto más bajo de la Tierra, a 10.920 m bajo el nivel del mar. Tengo innumerables islas pequeñas, muchas de ellas volcánicas (piensa en el Cinturón de Fuego). Me bautizó el explorador Fernando de Magallanes por el clima apacible que encontró en mis aguas. ¡Tuvo suerte de no tropezar con alguno de mis tifones!   *Pacífico*

- Soy el segundo océano más grande de la Tierra. Una buena parte de los barcos del mundo surcan mis aguas, pues me hallo entre Europa y África a un lado y las Américas al otro. La mayoría de las capturas pesqueras se realizan en mis dominios. Soy menos salado que los demás océanos, ya que muchos ríos de gran tamaño desaguan en mí.   *Atlántico*

- Soy el tercer océano más grande del mundo y casi todas mis aguas están situadas al sur del ecuador. Tengo muchas islas-nación.   *Índico*

- Soy el océano más pequeño y poco profundo. Estoy situado en la cima del mundo y la mayor parte de mí está helada durante todo el año.   *Ártico*

¿Están enamorados los océanos y la luna?

No lo han dicho, pero una cosa es cierta: existe una innegable atracción entre ellos, y la luna tiene una buena parte de culpa. Es ella la que origina las mareas oceánicas. Cada doce horas, aproximadamente, sube y baja el nivel de las aguas marinas. Esto se produce porque el agua de los océanos es atraída por la gravedad lunar (y en un menor grado, por el sol). En efecto, las aguas situadas en la vertical de nuestro satélite experimentan un tirón que las proyecta en dirección a la luna. Es lo que se denomina marea alta. Un abultamiento similar tiene lugar en la parte opuesta de la Tierra. La marea baja se produce en el océano entre cada uno de ambos abultamientos.

¿Existen ríos en los océanos?

¡Sí! Se llaman corrientes. Las corrientes son flujos de agua que discurren a lo largo o bajo la superficie de los océanos al igual que los cauces fluviales fluyen por tierra firme. Estos ríos oceánicos contribuyen a mezclar las temperaturas cálidas y frías de las aguas e influyen en el clima terrestre y la vida acuática.

Las corrientes frías originan un clima fresco y seco en las líneas costeras por las que circulan, mientras que las cálidas generan un clima igualmente cálido en tierra firme. Una de las mayores pautas climatológicas de la Tierra es El Niño, que es el resultado del cambio en las corrientes frente a la costa oeste de América del Sur. El Niño es especialmente violento una vez cada década, casi siempre en diciembre. De ahí precisamente deriva su nombre, en recuerdo del Niño Jesús. Pero El Niño no trae regalos o buena voluntad, sino que sustituye las aguas costeras frías por corrientes cálidas, lo que ocasiona un clima extraño que puede causar incontables daños como consecuencia de las inundaciones y huracanes. Aunque El Niño fluye desde el Pacífico oriental, puede afectar a la climatología de tres cuartas partes del globo.

¿A quién pertenecen los océanos?

Los países situados en la ribera de los océanos tienen un control absoluto de las aguas hasta 19 km (12 millas) de la costa, y un control económico (pesca, explotaciones petrolíferas, etc.) hasta 322 km (200 millas). Más allá, es tierra de nadie. ¿Por qué es importante saber a quién pertenecen los océanos? Porque existen depósitos de petróleo y un sinfín de valiosos minerales bajo sus aguas, y todos quieren saber quién está autorizado a explotarlos.

¿Qué eran los siete mares?

Hace siglos, los marinos bautizaron con el nombre de «siete mares» a lo que hoy conocemos como océanos o partes de océanos. Estos mares eran los siguientes: Ártico, Índico, Pacífico Norte, Pacífico Sur, Atlántico Norte, Atlántico Sur y los mares Antárticos. En aquella época, si habías surcado las aguas de los siete mares, habías navegado por todo el mundo. Hoy en día, los cartógrafos siguen llamando «mar» a muchas secciones oceánicas, así como a grandes masas de agua parcial o totalmente encerradas por tierra firme. Algunos de los mares más famosos son el mar de Japón (un brazo del océano Pacífico) y el mar Mediterráneo, rodeado de tierra casi en su totalidad, pero conectado con el Atlántico.

¿Es posible que un mar sea un lago?

Pues sí, al igual que puedes conducir por un aparcamiento y aparcar en la calzada (en algún momento de la historia, el Hada Bautizadora se confundió).

Un lago es una masa de agua rodeada de tierra. El agua de los lagos suele ser dulce, no salada. Sin embargo, el lago más grande del mundo es una masa acuática salada situada en el sudoeste asiático. Se trata del mar Caspio. El lago de agua dulce más grande del mundo es el lago Superior, uno de los cinco Grandes Lagos de América del Norte, y el más profundo es el lago Baikal, en el norte de Rusia. ¡Contiene más agua que los cinco Grandes Lagos juntos!

¿Está muerto el mar Muerto?

Dejando a un lado el hecho de que el mar Muerto no es ni muchísimo menos un mar (es otro de aquellos lagos con el nombre equivocado), lo cierto es que merece su nombre. Está muerto, muerto y muerto. La sal procede de los minerales situados a su alrededor, y dado que ningún río desagua en él, la sal no tiene adonde ir. Situado en una región de clima muy cálido, el agua se evapora rápidamente y deja aún más sal si cabe en la masa acuática restante. A decir verdad, el agua es tan salada que los bañistas flotan en la superficie. Por lo demás, la costa del mar Muerto es la punta más baja de tierra seca de la Tierra.

¿Por qué los estrechos son tan importantes?

Un estrecho es un estrecho canal de agua que conecta dos masas de agua de mayor envergadura. Muchos estrechos son rutas comerciales y de viajes de una gran importancia estratégica. Quienes controlan un estrecho deciden qué buques pueden pasar de un lado a otro del mismo. Esto se traduce en un enorme poder. Imagina que sólo existe un pasillo para ir hasta el comedor de la escuela. Podrías enriquecerte si controlaras dicha ruta.

El estrecho de Gibraltar, que une el mar Mediterráneo y el océano Atlántico, es uno de los más famosos del mundo. A decir verdad, es el umbral que da acceso a las ciudades y culturas mediterráneas. Otro estrecho que ha sido muy importante en estos últimos años es el de Hormuz, que conecta el golfo Pérsico y el océano Índico. Muchos países ribereños del golfo Pérsico exportan petróleo, que casi siempre se transporta a través del estrecho. Si estos países no tuvieran la posibilidad de exportar el crudo a través de esta vía marítima, perderían muchísimo dinero, y las naciones importadoras se quedarían sin petróleo.

Los ríos son como:

a regaderas

b depósitos de agua

c mercados de pescado

d lavadoras

e autopistas

f todo lo anterior

La respuesta correcta es la «f». Los ríos son multifuncionales. Con un poco de ayuda por tu parte, irrigarán las cosechas, suministrarán agua para el ganado y también para ti. Y con un poquito más de ayuda, lavarán los cacharros sucios, la ropa y el cuerpo. Te proporcionarán pescado y otros alimentos marinos. Asimismo, te ofrecerán un emplazamiento fértil para el cultivo y una excelente ruta para transportar productos alimenticios y personas. No es de extrañar que las primeras civilizaciones y ciudades se asentaran a lo largo de los cauces fluviales, como el Nilo en África, y el Tigris, Éufrates y Huang (río Amarillo) en Asia. En la actualidad, las urbes continúan desarrollándose en la ribera de muchos ríos.

Placas que colisionan en la noche

1 Dos placas colisionan frontalmente y la tierra sólo se puede desplazar hacia arriba.

2 Una placa se desliza por debajo de otra y se funde, expulsando roca fundida hacia la superficie.

3 Las placas friccionan entre sí con tanta fuerza que la superficie de la Tierra sufre una colosal sacudida y cede a causa de la presión.

a Erupción volcánica

b Terremoto

c Formación de una montaña

1=c, 2=a, 3=b

CAPÍTULO 2

¿En qué se Parecen los Desiertos a los Postres?

¿Estudian los meteoritos los meteorólogos?

No, a menos que uno de ellos aterrice en su estación meteorológica. El término «meteorito» o «meteoro» procede del vocablo griego que significa «en el aire». Los meteorólogos estudian la atmósfera y su comportamiento. Dicho en otras palabras, el tiempo climático.

A menudo, los términos «tiempo climático» y «clima» se confunden. Si dices que se ha desencadenado una gran tormenta y que ha dejado una capa de 51 cm de nieve, estás hablando del tiempo climático, mientras que si dices que Siberia es fría y está cubierta de nieve todo el año, estarás describiendo el clima de la región, es decir, las pautas del tiempo climático en el transcurso de los años.

¿Por qué los niños australianos van a la escuela en junio, julio y agosto?

Porque hacen vacaciones en diciembre o enero.

La Tierra gira alrededor del sol en una posición angulada, inclinándose igual que la torre de Pisa. La mitad que se orienta hacia el astro rey recibe una mayor cantidad de luz solar, de tal modo que esta mitad es más cálida (verano). Por su parte, la otra mitad recibe menos luz solar (invierno). Dado que Australia está situada en la mitad meridional –hemisferio sur– del mundo, sus estaciones son las opuestas a las de América del Norte, Europa y Asia.

¿Por qué Nueva York y Madrid no tienen el mismo clima?

Porque la tierra y el agua que las rodea son muy diferentes. Ambas ciudades se hallan a la misma distancia al norte del ecuador, que es una línea imaginaria que divide el planeta en dos mitades: septentrional y meridional. Aun así, Nueva York es mucho más húmeda y fría que Madrid. Esto es debido a que el clima está afectado por toda clase de factores geográficos, incluyendo la proximidad de corrientes oceánicas cálidas o frías, cadenas montañosas que atraen la lluvia o la alejan, y la dirección de los vientos. Los climatólogos dividen la Tierra en regiones climáticas: tropicales, secas, atemperadas y polares. Los climas secos incluyen una infinidad de desiertos; las áreas tropicales propician la formación de selvas pluviales; y las regiones atemperadas gozan de un clima más benigno y de una pluviosidad moderada.

¿Dónde podríamos disfrutar del verano durante todo el año?

¡En los trópicos! El área situada en el ecuador, o trópicos, recibe la máxima insolación durante todo el año, de manera que casi siempre hace calor. En cualquier caso, los niños que habitan en aquellas regiones van a la escuela al igual que los que viven en climas más moderados.

¿Dónde tendrías que vivir si quisieras patinar sobre hielo en invierno y nadar en verano?

En una zona atemperada, entre la zona tropical, siempre cálida, y la zona polar, permanentemente fría. Las regiones atemperadas, situadas en las latitudes medias, experimentan cambios en las estaciones, aunque casi nunca están muy calientes o muy frías. Las zonas con climas atemperados son lugares confortables para vivir y magníficas áreas para la agricultura y la industria. ¡Si resides en regiones como Japón, Europa, Australia meridional o una buena parte de Estados Unidos o China, no tenemos que decírtelo, pues lo sabes perfectamente!

¿En qué se parecen los desiertos a los postres?

Los desiertos, al igual que una tarta de manzana, se pueden servir calientes o fríos. Un desierto es un área con un índice de pluviosidad anual inferior a 25 cm/m². Los desiertos siempre son áridos o secos, aunque no necesariamente cálidos. En realidad, la Antártida se considera un desierto, ya que las nevadas son muy escasas a pesar de acumular muchísimo hielo en su superficie. No obstante, la mayoría de los desiertos están situados en el norte o en el sur del ecuador y son cálidos. El Sahara, en África, alcanza la mayor temperatura jamás registrada en nuestro planeta: 58 ºC.

Teniendo en cuenta que un desierto no tiene por qué ser cálido, tampoco tiene por qué ser arenoso. A decir verdad, la mayoría de ellos no lo son. Incluso el Sahara tiene sólo un 30% de arena. El resto está cubierto de rocas. En muchos desiertos hay polvo seco, rocas y plantas leñosas o arbustivas.

Fenómenos de la Naturaleza:

Algunos de los desiertos más importantes del mundo y causas por las que son fríos o no

• Sahara (África septentrional)

El más grande de los desiertos cálidos del mundo tiene una superficie de 8.999.600 km^2 de arena y roca.

• Antártida

Los 13.208.000 km^2 de extensión del desierto polar más grande del mundo son de hielo, aunque casi nunca nieva o llueve.

• Gobi (Mongolia y China)

El segundo desierto más grande de la Tierra es también el que está situado más al norte.

• Desierto de Arabia (península Arábiga)

En el subsuelo de este desierto se hallan las reservas de petróleo más importantes del mundo.

• Gran desierto australiano (Australia)

Cubre alrededor de la mitad del continente, incluyendo prácticamente todas las regiones del interior.

• Mojave, California del Sur (Estados Unidos)

En el desierto más extenso de América se halla el valle de la Muerte, el punto más bajo del hemisferio oeste, que ostenta el récord de calor de América del Norte (57 ºC).

• Atacama (Chile)

Es el desierto más seco del mundo, con un índice anual de humedad de 0,5 cm/m^2

¿Debería mudarse a la selva tropical el viejo McDonald?

No si lo que desea es cultivar sus tierras. Las selvas pluviales, como las de América del Sur o África, son ideales para la vida animal y vegetal, pero no para las

tierras de cultivo. El suelo de una selva tropical no contiene los suficientes nutrientes. Si se talan los árboles, el suelo se empobrece aún más si cabe, pues recibe una poderosa insolación y carece de hojas caídas que puedan enriquecerlo. Los granjeros que talan las selvas pluviales para disponer de espacio para el cultivo no tardan en descubrir que la tierra no es fértil.

La energía liberada en un día por un huracán podría suministrar fluido eléctrico a Estados Unidos durante tres años.

¿Cuál es la diferencia entre un tornado, un huracán, un tifón y un ciclón?

Un tornado es una columna de aire que gira como un torbellino y que se origina a partir de una única nube tormentosa.

Puede ir acompañado de vientos de hasta 483 km/h, aunque habitualmente sólo dura unos escasos segundos. Los vientos huracanados son algo más lentos, aunque la tormenta es muchísimo mayor que la de un tornado. Tiene sus orígenes en múltiples tormentas eléctricas que forman una nube giratoria que en ocasiones alcanza una extensión de hasta 966 km. Los huracanes se gestan en las aguas cálidas del Atlántico, cerca de África, y suelen desplazarse hacia el oeste, es decir, hacia Estados Unidos. Para complicar aún más las cosas, los huracanes se denominan tifones cuando se originan en el Pacífico occidental. Tanto los huracanes como los tifones son ciclones tropicales. Un ciclón es cualquier tipo de gran tormenta giratoria.

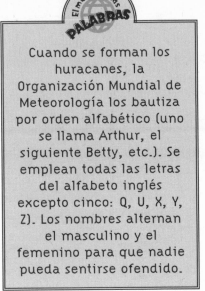

El mundo de las **PALABRAS**

Cuando se forman los huracanes, la Organización Mundial de Meteorología los bautiza por orden alfabético (uno se llama Arthur, el siguiente Betty, etc.). Se emplean todas las letras del alfabeto inglés excepto cinco: Q, U, X, Y, Z). Los nombres alternan el masculino y el femenino para que nadie pueda sentirse ofendido.

CITAS GEOGRÁFICAS

«Nos asomamos a las ventanas y vimos que las casas se desmoronaban y quedaban reducidas a escombros, convirtiéndose en arietes que colisionaban y destruían otras viviendas, abatiéndolas y engulléndolas en un abrir y cerrar de ojos. El nivel de las aguas continuaba subiendo; los atronadores estampidos de la tormenta eran aterradores; la casa se agrietó y chirrió como si estuviera agonizando.»

–Ruby Credo, superviviente del huracán de Galveston, Texas de 1900. En Galveston, el huracán más peligroso que jamás haya azotado Estados Unidos, perdieron la vida más de 6.000 personas.

¿Son infértiles los pantanos?

Definitivamente no, aunque en su día se creía que sí. Los pantanos, que también se conocen como pantanales y marismas, son áreas cubiertas de agua por lo menos durante una parte del año. Se pueden encontrar pantanos en todos los continentes excepto la Antártida. Uno de los más famosos es el Florida Everglades, la marisma de agua dulce de mayor superficie del mundo. Los humedales son unos de los ecosistemas más fértiles y productivos del planeta, pues rebosan vegetación, peces, insectos y vida animal. También controlan los ciclos acuosos al absorber el agua de las inundaciones. Asimismo, filtran la polución del agua.

Los pantanos costeros son importantes criaderos de peces y moluscos. Dos tercios de las capturas pesqueras del mundo se realizan en estas ricas y protegidas zonas de marea. Pero antes de la década de 1970, las marismas estaban consideradas tierras infértiles y áreas en las que proliferaban toda clase de insectos dañinos. En Estados Unidos se drenó casi la mitad de los pantanos para urbanizarlos y disponer de tierras de cultivo. Algunas zonas de Boston, San Francisco y Washington, D.C. se levantaron donde antes había pantanales. Sin embargo, en la actualidad somos más cuidadosos. Tanto en Estados Unidos como en otras partes del mundo, destruir marismas es ilegal.

¿Por qué deberías abrazar un árbol?

Porque los árboles son tus amigos. Ya lo habrás oído en alguna ocasión, pero no lo dudes ni un solo instante, pues es una auténtica realidad. Los bosques de nuestro planeta han disminuido desde que el ser humano empezó a talar los árboles para proveerse de leña, materiales de construcción y tierras de cultivo hace miles de años. Actualmente, los leñadores están arrasando las selvas tropicales, que proporcionan una buena parte del oxígeno, la flora y la vida animal del mundo. Por increíble que pueda parecer, la mitad –¡la mitad!– de las selvas tropicales han sido destruidas durante el siglo pasado. Esto es algo así como someter a la Tierra a una intervención quirúrgica para extirparle uno de sus pulmones.

Asimismo, la tala de árboles también contribuye al calentamiento gradual del planeta, es decir, lo que se conoce como «efecto invernadero» (se denomina así porque, al igual que en un jardín invernadero, el calor de los rayos solares penetra en la atmósfera terrestre y no puede salir). El calentamiento global se debe a la excesiva cantidad de dióxido de carbono y a otros «gases de invernadero» presentes en la atmósfera. Cuando quemamos carbón y petróleo para obtener combustible, liberamos dióxido de carbono. Los árboles absorben el dióxido de carbono del aire y lo transforman en oxígeno. La creciente reducción del arbolado se traduce en una menor absorción del gas, con lo cual una mayor cantidad del mismo permanece en la atmósfera y el termómetro global continúa subiendo.

Si la Tierra se está calentando, ¿llegará el día en que se pueda nadar en el polo norte?

Desde luego que no, pero es muy probable que una parte del hielo del polo norte y del polo sur se funda a medida que vaya aumentando el calentamiento del planeta. En realidad, algunos científicos aseguran que el hielo del polo norte ya está empezando a fundirse.

Durante el último siglo, la Tierra se ha calentado ligeramente. El nivel medio del mar ha subido alrededor de 30 cm. Según los expertos, en el año 2100, la temperatura media global podría aumentar otros 0,15 °C. Si esto ocurre, una parte del agua que ahora permanece atrapada en forma de hielo en ambos polos se fundirá, inundando las ciudades costeras situadas en los puntos más bajos del planeta. Algunas islas diminutas de la República de las Maldivas, en el océano Índico, ya han sido evacuadas a causa de las inundaciones. Más de la mitad de los habitantes del mundo, incluyendo los de Nueva York, Londres y Nueva Orleans, viven a menos de 80 km de la costa, y pueden ser las siguientes en sufrir los efectos del calentamiento global.

El calentamiento global también podría cambiar el clima del planeta, ocasionando sequías en algunas áreas e inundaciones en otras. Las zonas climáticas cálidas podrían desplazarse hacia el norte en el hemisferio norte y hacia el sur en el hemisferio sur, modificando las regiones en las que crecen las cosechas y obligando a mudarse a los granjeros. Asimismo, las plantas y los animales también se verían afectados y posiblemente se verían condenados a un período de extinciones.

¿Qué ocurriría si agotáramos las existencias mundiales de carbón, petróleo y gas natural?

No podríamos disponer de nuevo de ellos hasta transcurrido mucho, muchísimo tiempo. Estos combustibles fósiles, que así se llaman porque tienen su origen en restos fósiles de plantas y animales que vivieron en eras remotas, son recursos no renovables, es decir, que una vez consumidos no hay más.

Por otro lado, los bosques son un recurso renovable, ya que se pueden replantar. También se puede generar energía a partir de la fuerza del viento, la energía solar, la energía hidroeléctrica (agua de lluvia), la energía geotérmica (procedente del calor de la Tierra), la energía nuclear (derivada de la fisión de los átomos) y la energía de la biomasa (a partir de la madera, hojas y otras partes de las plantas). A medida que vayamos agotando los recursos no renovables del mundo, estas alternativas adquirirán una creciente importancia. La conservación, o la práctica que consiste en ahorrar recursos naturales para las futuras generaciones, también es crucial. ¡Reduce, reutiliza y recicla!

¿Existen recursos alimenticios suficientes para alimentar el mundo?

El mundo se puede alimentar a sí mismo. Sin embargo, alrededor de 24.000 personas mueren de hambre cada día. Esto equivale a una cada 3,6 segundos. ¿Cómo es posible? En parte se debe al explosivo crecimiento de la población en todo el planeta. En 1950 había 2.500 millones de seres humanos, en el año 2000, 6.000 millones, y según las estimaciones, en el 2050 la población será de 10.000 millones de habitantes. Otra razón es que si bien se trata de un gran planeta, la mayoría de la gente se concentra en las escasas zonas en las que se pueden cultivar las tierras y transportar los alimentos con facilidad, es decir, en las regiones bajas de clima atemperado situadas a lo largo del curso de los ríos y el litoral marítimo. Los alimentos y recursos del mundo no están lo bastante bien distribuidos, y quienes disponen de tierras fértiles no siempre desean compartir sus alimentos con los menos afortunados. Aun así, existe una esperanza. Se están introduciendo nuevos tipos de semillas, fertilizantes y métodos agrícolas, lo cual ha mejorado ligeramente las cosechas. En cualquier caso, los avances de esta Revolución Verde requieren dinero y formación, precisamente en los lugares en los que se suele carecer de ambas cosas.

CAPÍTULO 3

¿POR QUÉ SON ESENCIALES LOS MAPAS?

El explorador Cristóbal Colón demostró que la Tierra era redonda

Falso, aunque sean malas noticias para el pobre Cristóbal. Allá por el siglo IV a.C., el filósofo griego Aristóteles estaba convencido de que la Tierra debía de ser redonda, pues se dio cuenta de que el planeta proyectaba una sombra curvada en la luna durante un eclipse. Antes de Aristóteles, muchos filósofos griegos habían creído que la Tierra era plana, como un disco flotante en un mar interminable o que estaba suspendida libremente en el espacio.

¿Por qué no puedes utilizar un camello durante un examen de matemáticas?

¡Pues porque los camellos se pueden usar a modo de calculadoras! Hace más de dos mil años, un bibliotecario griego llamado Eratóstenes (276-196 a.C.) utilizó un camello para medir la circunferencia de la Tierra.

Eratóstenes había oído hablar de un pozo en Syene (la actual Asuán, en Egipto) en el que se podía ver el reflejo del sol el 21 de junio, es decir, el día más largo del año. Eratóstenes intuyó que aquello significaba que ese día el sol se hallaba en la vertical del pozo. También sabía que Syene estaba situada muy al sur de la ciudad de Alejandría. Midiendo la sombra proyectada por un obelisco en Alejandría el 21 de junio, el bibliotecario calculó la longitud de dos lados de un triángulo rectángulo –la longitud de la sombra y la altura del obelisco–, y luego el ángulo del tercer lado –alrededor de 7°, o $^1/_{50}$ de un círculo–, deduciendo que aquélla era la distancia a la que se hallaba el sol de la vertical de Alejandría.

¡Y ahora entra en escena el camello! Eratóstenes se enteró de que este animal tardaba cincuenta días en recorrer el trayecto entre Alejandría y Syene. Dado que un camello bien alimentado era capaz de cubrir 100 estadios al día (el estadio era una antigua medida que se empleaba para definir la longitud de una vuelta completa al estadio en una carrera de caballos), la distancia entre las dos ciudades sería de 5.000 estadios, y multiplicando dicha distancia por 50 (el segmento del círculo que había calculado usando el obelisco), llegó a la conclusión de que la Tierra tenía una circunferencia de 250.000 estadios, lo que equivale a 40.233 km. Es asombroso comprobar cuán aproximados fueron sus cálculos en comparación con la medida actual de la Tierra en el ecuador: 40.073 km.

Aunque los hombres primitivos seguramente se hacían preguntas acerca del mundo que los rodeaba, fue el bibliotecario Eratóstenes quien acuñó el término geografía (de «geo», que significa tierra, y «grafía», que significa descripción escrita).

¿Por qué se denomina «el crisol de la civilización» a los países ribereños del mar Mediterráneo?

Porque fueron muchísimas las naciones ricas, poderosas e influyentes en la historia antigua hace miles de años. Los sumerios, babilonios, egipcios, griegos y romanos, entre otros, dominaron extensos territorios alrededor de las aguas protegidas del mar Mediterráneo. Aproximadamente por la misma época, se desarrollaron otras civilizaciones importantes en África y Asia, aunque fueron los pobladores del Mediterráneo los que exploraron el mundo para crear los mapas que conocemos hoy en día.

Las exploraciones solían ir acompañadas de las conquistas. El general macedonio Alejandro el Grande (356-323 a.C.) conquistó un imperio que se extendía desde Grecia hasta India, ¡y todo ello antes de morir a la edad de treinta y tres años! Con él viajaban geógrafos, científicos, arquitectos, un historiador oficial y unos curiosos personajes que se encargaban de medir las distancias contando sus pasos. Juntos levantaron los mapas de miles de kilómetros de territorio desconocido para los occidentales.

¿Por qué Colón viajó hacia el oeste para llegar al este?

Desde luego, no lo hizo porque careciera de sentido de la orientación. Mientras que algunos exploradores navegaban circundaban África para llegar a las ricas rutas comerciales de Asia, otros creían que debía de haber un camino más fácil. «¡Navegar hacia el oeste para llegar al este!», dijeron tales pensadores. Dado que la Tierra es redonda, su intuición hubiera resultado acertada... de no ser porque había dos grandes continentes en la mitad del camino: las Américas.

Colón nunca hubiese adivinado que aquellos dos grandes continentes y el vasto océano Pacífico se hallaban entre él y China. Eso se debe a que imaginaba que la Tierra era más pequeña de lo que era en realidad. Alrededor de trescientos años después de que Eratóstenes calculara la circunferencia de nuestro planeta, un famoso geógrafo llamado Ptolomeo (aprox. 100-170 a.C.) utilizó otros cálculos, erróneos por cierto: los del geógrafo griego Estrabón, que desorientaron a los navegantes durante más de mil años. Sus nuevas medidas encogieron el mundo en una cuarta parte, es decir, en 28.800 km. De ahí que Colón no imaginara que tenía que cubrir una distancia tan larga.

¿Son una misma cosa un país, una nación y un estado?

Pues no. Difieren un poco. Veamos en qué. Se considera que un país es el territorio o tierra que pertenece a una nación, mientras que una nación está formada por un gran colectivo de personas que viven bajo un único gobierno, casi siempre independiente. A menudo, dicho colectivo comparte una cultura, historia, lengua y costumbres similares. La mayoría de las naciones, aunque no todas, tienen un territorio, es decir, son un país. De ahí que los países también reciban el nombre de naciones. Al mismo tiempo, una nación puede estar formada por muchos países. La nación más grande que carece de país es la kurda. En efecto, los kurdos viven dispersos por Europa oriental y Oriente Medio. Y para complicar un poco más las cosas, un estado puede ser una nación, como Israel, o una unidad política de una nación, como en el caso de los cincuenta estados que integran Estados Unidos.

Los seres humanos dibujaron mapas antes de inventar la escritura

VERDADERO / FALSO

Es cierto. Aunque no existen pruebas, es probable que los hombres primitivos dibujaran símbolos en el suelo para indicar a sus amigos dónde había una pesca abundante y dónde se podían recoger los mejores frutos. El mapa más antiguo que se conoce es una tablilla de arcilla de Babilonia (el actual norte de Irak), que data del año 2300 a.C. y representa la ciudad de Lagash. Los babilonios y los egipcios también levantaron mapas de sus tierras, que utilizaban para recaudar los impuestos sobre la propiedad.

Hace más de 3.000 años los navegantes polinesios recorrieron miles de kilómetros entre las innumerables islas del Pacífico. Estos grandes marinos realizaron mapas con hojas de palma entrelazadas y conchas. Las hojas representaban el oleaje, y las conchas eran islas.

CITAS GEOGRÁFICAS

«Si no sabes adónde vas, debes tener cuidado, pues tal vez nunca llegues allí.»

–Yogi Berra (1925-), jugador norteamericano de béisbol

Los primeros mapas eran locales. El primer mapa del mundo que se conoce apareció alrededor del año 600 a.C. Se trata de otra tablilla babilónica del tamaño aproximado de un disco de ordenador que muestra un círculo con dos líneas que lo atraviesan. El círculo era la Tierra, y las dos líneas, los ríos Tigris y Éufrates. Todo el círculo está rodeado por el «océano mundial». Así pues, quien realizó el mapa tenía el convencimiento de que así era el mundo.

¿Qué representa este mapa?

¡Cielos! Es un mapa de América del Norte y América del Sur. Pero ¿por qué está del revés? Muy fácil. Porque estás acostumbrado a ver los mapas con el norte en la parte superior. Hemos representado el mundo de este modo desde que Ptolomeo levantó el primero alrededor del año 130 a.C. (en efecto, el mismo Ptolomeo que encogió la Tierra con sus cálculos erróneos). Hoy en día, damos por supuesto que el norte está arriba, pero si Ptolomeo hubiese situado el sur en la parte superior de los mapas, tal vez seguiríamos haciéndolo en la actualidad. Es probable que los cartógrafos también colocaran el norte arriba siguiendo las indicaciones de la aguja de la brújula magnética, inventada en China alrededor del año 1000 a.C., que siempre apunta al norte en el hemisferio norte.

Los mapas y el uso que hacemos de ellos: un juego de emparejamiento

Los mapas constituyen unas magníficas herramientas que nos proporcionan todo tipo de información. Por ejemplo, supongamos que vas a abrir unas pistas de esquí y confías en que serán un verdadero éxito. Antes de iniciar su construcción, es posible que te interesara levantar algunos mapas.

1 Mapa físico

a Muestra el clima de un área, sus pautas climatológicas a lo largo del tiempo. ¿Estarían dispuestos los usuarios a esquiar en un lugar cálido, lluvioso o permanentemente nublado?

2 Mapa político

b Conocido también como mapa «imposible de doblar», muestra las carreteras que conducen hasta el complejo recreativo.

3 Mapa climático

c Indica cuánta gente, pizzerías, etc. hay en la zona. Utilízalo para asegurarte de que no habrá demasiadas instalaciones de esquí en las inmediaciones.

4 Mapa de la población/distribución

d Describe los límites o fronteras entre países y provincias, y muestra la situación de las ciudades y otras localidades. Úsalo para saber en qué provincia y cerca de qué ciudades deberías instalar el complejo.

5 Mapa de carreteras

e Muestras los rasgos geográficos naturales de la zona, tales como montañas y valles. Utilízalo para calcular si el emplazamiento es lo bastante montañoso como para construir allí las pistas de esquí.

Cuando el complejo esté listo y en funcionamiento (en el lugar perfecto, gracias a los mapas que has consultado), probablemente desees levantar tu propio mapa de las instalaciones. Los esquiadores querrán saber la categoría de cada pista para no confundir las pistas de principiantes con las de expertos. Asimismo, podrías incluir la situación del centro comercial o de la cafetería o restaurante donde poder disfrutar de un buen cacao caliente.

1=e, 2=d, 3=a, 4=c, 5=b

¿Por qué son tan importantes los mapas?

Los mapas condensan un sinfín de información útil en un espacio reducido de papel. Ayudan a los médicos a descubrir cuál es la fuente de una enfermedad; conducen a los coches de bomberos hasta la dirección correcta y orientan a los excursionistas extraviados. Por otro lado, podrían hacerte rico y famoso, pues podrían indicar la situación del tesoro enterrado de algún pirata u otra cosa incluso más valiosa. Así, en el siglo XV, los mapas de la recién explorada costa de África occidental se consideraban tan valiosos que el gobierno de Portugal prohibió, bajo pena de muerte, la venta de dichos mapas a extranjeros.

El mundo de las **PALABRAS**

Los libros de mapas se llaman atlas, un término que procede del nombre de un personaje de la mitología griega que sostenía el cielo sobre los hombros. A menudo, se representaba a Atlas sobre un montón de libros y mapas.

Anatomía de un mapa

Un mapa es un dibujo o representación de un lugar. Un mapa preciso se debe realizar a escala, lo que significa que si el centro comercial se halla a doble distancia de tu casa que el parque, así debería de figurar en el mapa. Un mapa del vecindario tendría una escala reducida, donde 2 cm equivalieran a medio kilómetro, mientras que los globos terrestres se confeccionan con una gran escala: 2 cm podrían equivaler a 1.000 km, es decir, ¡42 millones de veces más pequeño que la Tierra! La escala de un mapa, que por regla general se indica con una pequeña regla situada en una esquina del mismo, te indica las distancias reales entre los puntos incluidos en el mapa.

La rosa de los vientos muestra los puntos cardinales de una brújula: norte, sur, este y oeste, e indican cuál es la relación que guardan estas direcciones con los puntos del mapa. El norte (N) casi siempre apunta hacia arriba; el oeste (O) hacia la izquierda; el este (E) hacia la derecha; y el sur (S) hacia abajo.

La leyenda o clave de un mapa nos explica el significado de los símbolos que aparecen en el mismo. Así, por ejemplo, una estrella podría representar una ciudad, o una tienda de campaña representar un camping.

¿Por qué los planisferios siempre, siempre, siempre serán erróneos?

Porque son planos, mientras que la Tierra es redonda. Si pelas una naranja e intentas poner plana la cáscara, comprobarás por qué es imposible aplanar una esfera. Imagina que la naranja es la Tierra. Corta la cáscara desde el polo norte hasta el polo sur. Ahora intenta desprender la cáscara y ponerla plana. Se romperá. Algunos rasgos de las masas terrestres en un mapa de un mundo plano, tales como la distancia, la forma y el tamaño, siempre son erróneos.

La mejor manera de representar fidedignamente la Tierra es en forma de globo, si bien es cierto que los globos no siempre resultan prácticos. No se pueden doblar y guardar en la guantera del coche, no es posible incluirlos en un libro y no se puede encontrar uno que sea lo bastante grande como para indicar la situación de características importantes, como por ejemplo cómo llegar desde tu casa a la heladería más próxima. Para estos casos, los mapas son mucho más adecuados.

La solución más habitual al problema de mostrar la Tierra redonda en un papel plano consiste en dibujar el mapa con arreglo a una proyección. La más conocida es la de Mercator. En efecto, allá por año 1500, un geógrafo y cartógrafo llamado Gerardus Mercator intentó realizar uno más preciso efectuando algunos cortes y pegados. Para plasmar la forma correcta de los océanos y continentes, Mercator los dividió por la mitad y prolongó la tierra en el polo norte y el polo sur, de manera que parecía muchísimo más grande de lo que realmente era. Así, por ejemplo, en la proyección de Mercator, Groenlandia es mucho mayor que América del Sur, cuando en realidad, ésta es ocho veces más grande que Groenlandia.

¿Cuál fue la primera World Wide Web?

Las líneas de latitud y longitud. Estas líneas se utilizaron por vez primera hace aproximadamente dos mil años, cuando los geógrafos griegos dividieron la Tierra en secciones, trazando líneas imaginarias horizontales y verticales alrededor del planeta. Los cartógrafos de hoy en día las siguen usando y eso permite localizar y situar cualquier punto en la Tierra.

Las líneas de latitud son las que discurren de lado a lado del planeta y se denominan paralelos, ya que son paralelas entre sí, es decir, que nunca se encuentran. Por su parte, las líneas de longitud discurren de norte a sur, reuniéndose en un mismo punto en los polos.

La latitud se divide en 180º. En el ecuador –la línea imaginaria que circunda la Tierra por el centro de la misma– la latitud es de cero grados, mientras que en polo norte es de 90º de latitud norte y en polo sur 90º de latitud sur.

Un grado tiene sesenta minutos

¡Cierto! Pero no te alarmes. Esto no significa que, asimismo, en una hora no haya otros sesenta minutos. Al igual que los relojeros, los cartógrafos utilizan los «minutos» para dividir unidades en partes más pequeñas. Así, en un mapa, los minutos dividen cada grado de latitud. En realidad, los minutos son indispensables, ya que sólo hay 180º de latitud, lo que quiere decir que existen 111 km entre grado y grado. En ocasiones, incluso los minutos no son lo suficientemente precisos, dividiéndose en... ¡lo adivinaste!, en segundos. Mediante los grados, minutos y segundos, es posible localizar y situar cualquier punto de la Tierra en una distancia de 30,5 m.

Si pierdes un día, ¿adónde deberías ir para encontrarlo?

A la línea internacional de fecha. Se trata de una línea imaginaria situada en medio del océano Pacífico, a unos 180º de longitud, y que separa un día del siguiente. La línea internacional de fecha está situada a medio camino del primer meridiano, es decir la línea elegida como cero grados de longitud. Dicho meridiano pasa por Greenwich (Inglaterra).

Qué día es depende del lado de la línea internacional de fecha en la que te halles. Si estás en el lado oeste, es un día más tarde que en el lado este, independientemente de la hora del día o de la noche que sea. Si un martes es mediodía en el lado este y viajas hasta el lado oeste, según la hora local será mediodía el miércoles. Así pues, si cruzas la línea de este a oeste, perderás un día. Pero no te preocupes. Lo encontrarás de nuevo cuando la cruces de oeste a este. ¡Hazlo el día de tu cumpleaños y lo celebrarás dos veces!

¿Por qué no es la misma hora en el mismo momento en todo el mundo?

A primera vista parecería más lógico y más fácil establecer un Reloj Mundial único para todo el planeta. Pero lo cierto es que este método confundiría bastante a muchísima gente, dado que todos queremos que nuestros relojes coincidan con la trayectoria solar. Cuando el sol se halla en la vertical de nuestra cabeza, decimos que es mediodía. Pero teniendo en cuenta que la Tierra gira sobre sí misma, el sol está en la vertical de diferentes lugares en diferentes momentos. Fue así como en la década de 1870 un ingenioso canadiense llamado Sanford Fleming dio con una solución. Propuso dividir la Tierra en zonas de veinticuatro horas, situadas a una distancia de 15º de longitud las unas de las otras, y una para cada hora del día.

Quienes trabajan en el polo norte y en el polo sur utilizan el Horario Universal Coordinado, es decir, el de Greenwich (Inglaterra). De lo contrario, sus áreas de trabajo estarían divididas en veinticuatro zonas diminutas de tiempo en las que coinciden las líneas de longitud.

En 1884, los asistentes a una conferencia mundial sobre las zonas horarias acordaron adoptar el sistema de Fleming. Aunque muchos países han modificado ligeramente el sistema (China, por ejemplo, mantiene una única zona horaria), en general se aplica en todo el mundo. Cuando en Chicago son las doce del mediodía, en París son las siete de la tarde y en Bangkok la una de la madrugada.

¿Cómo se pueden realizar mapas de lugares que nunca se han visitado?

En la actualidad, la cartografía es totalmente diferente de cuando Colón emprendió sus viajes de exploración. Los mapas de aquella época y anteriores se basaban en los dibujos e informes de exploradores. Pero los cartógrafos también recurrían muy a menudo a la intuición para llenar los espacios en blanco, incluyendo muchas veces monstruos marinos y otras criaturas espantosas.

Los mapas resultaron más precisos cuando se empezó a enviar expertos para medir distancias y tomar notas detalladas. Mejores incluso eran los realizados desde aviones, pues empleaban fotografías aéreas para mostrar el trazado de la Tierra.

Pero hoy en día se han superado todos los límites. Los cartógrafos pueden detallar cada centímetro de un lugar a partir de las observaciones efectuadas desde el espacio exterior. Los satélites fotografían la Tierra utilizando múltiples longitudes de onda luminosa, incluyendo algunas tales como los infrarrojos, invisibles a nuestros ojos. Asimismo, utilizan el radar para conocer la altura de las montañas y la forma de los objetos situados en el suelo, pudiendo determinar con exactitud las profundidades de los océanos. En la actualidad, hay docenas de satélites tomando fotografías de la Tierra. ¡Sonríeee!

¿Qué queda por explorar?

En la Tierra existen innumerables cuevas y cavernas que no han sido exploradas por completo, aunque la frontera final y real en nuestro planeta es el océano. Ocultas en la oscuridad y protegidas por la aplastante presión de toneladas de agua, las profundidades marinas siguen siendo un misterio para la humanidad: 64.000 km de cadenas montañosas, enormes cañones que penetran varios kilómetros en la corteza terrestre, animales extraños que viven en las chimeneas volcánicas de agua caliente, y muchas cosas más. Nuestro planeta oceánico continúa escondiendo un sinfín de misterios. Exactamente igual que el firmamento. Los humanos siempre han experimentado una gran curiosidad por las estrellas y el cielo. La propia geografía inició su andadura intentando comprender el universo y la posición de la Tierra en el mismo. A decir verdad, la astronomía también se conoce como primera ciencia.

En 1500, Wan Hu, un científico chino, ató a una silla cuarenta y siete cohetes de pólvora en un intento por construir una máquina voladora (murió al estallar), y no fue hasta mediados del siglo xx cuando se dispuso de la tecnología adecuada para viajar al espacio. Aun así, pisar la luna en 1969 no significó más que, como bien dijo Neil Armstrong, un «pequeño paso». Queda mucho por aprender, comprender y descubrir acerca del vasto universo.

CITAS GEOGRÁFICAS

«De repente, desde detrás del borde de la luna (...) emerge una reluciente joya azul y blanca, una luz, una delicada esfera con una labor de encaje de lentos velos blancos que giran, elevándose como una pequeña perla en un profundo mar de negro misterio. Se necesita más de un instante para darse cuenta realmente de que se trata de la Tierra (...), del hogar.»

–Edgar Mitchell, astronauta norteamericano (1971)

CAPÍTULO 4

ÁFRICA

¿SABES SI TU ÁRBOL FAMILIAR TIENE SUS RAÍCES EN ÁFRICA?

MÁS GRANDE, MÁS ALTO, MÁS PROFUNDO...

Tamaño
Segundo continente más grande
30.065.000 km^2

Montaña más alta
Kilimanjaro:
5.895 m

Punto más bajo
Lago Assal: 156 m
por debajo del nivel del mar

Lago más grande
Lago Victoria: 69.500 km^2

Río más largo
Nilo: 6.825 km

Desierto más grande
Sahara: 9.065.000 km^2

Isla más grande
Madagascar: 587.000 km^2

¿Qué idioma deberías aprender si quisieras viajar a África?

No es por desanimarte, pero existen más de mil idiomas y dialectos diferentes que hablan los múltiples grupos tribales africanos. Aunque es el único continente que carece de una gran cordillera montañosa, África es un continente accidentado en el que no resulta nada fácil desplazarse. Ésta es la razón por la que en lugar de formar grandes naciones con gobiernos centrales, la población haya creado innumerables culturas, legislaciones y lenguas independientes alrededor de sus jefes locales. En la actualidad, en el segundo continente más grande del mundo hay cincuenta y tres países, es decir, muchos más que en cualquier otro. Asimismo, África dispone de una extraordinaria variedad de fauna y flora. En sus desiertos, enormes praderas y junglas viven leones, leopardos, elefantes, jirafas, monos, avestruces e hipopótamos. A pesar de contar con algunos ríos muy caudalosos –el Nilo y el Congo–, África carece del agua suficiente para satisfacer las necesidades de la población.

¿Sabes si tu árbol familiar tiene sus raíces en África?

Probablemente sí, como todo el mundo. Los científicos creen que nuestros primitivos antepasados, prosimios que caminaban erguidos y que tal vez utilizaban herramientas simples de piedra y ramas, aparecieron en África hace cuatro o cinco millones de años. Aquellas criaturas, llamadas australopitecus («simios del sur»), podrían haberse desplazado colgándose de las ramas de los árboles al igual que sus antepasados primates, aunque es posible que no lo hicieran demasiado a menudo.

¿Por qué nuestros antepasados dejaron de colgarse de las ramas de los árboles y empezaron a andar? Y ¿por qué en África?

Es una simple cuestión geográfica. En primer lugar, los primates (el grupo de animales entre los que se incluyen los simios, los monos y los humanos) se desarrollaron en la antigua África, y en segundo lugar, ya vivían allí cuando la Tierra era mucho más fría que en la actualidad. Los desiertos que hoy conocemos fueron en su día sabanas o extensas praderas. En la sabana no había demasiados árboles de los que colgarse y resultaba más lógico desplazarse a pie. ¿Qué harías si quisieras otear el horizonte en busca de depredadores? Te erguirías para poder divisar mejor la pradera. Y ¿qué harías si empezaras a andar sobre dos piernas y tuvieras las manos libres? Fabricarías herramientas y armas. Esto es precisamente lo que diferencia a los humanos de los demás animales.

Los nombres con los que los científicos han designado a nuestros diversos antepasados describen el aspecto de aquellos humanos primitivos. Hace alrededor de 2,5 millones de años, el australopitecus evolucionó en *Homo habilis* («humano diestro»), que tenía un cerebro de mayor volumen que aquél y fabricaba y empleaba herramientas simples. Más tarde, hace aproximadamente 1,6 millones de años, llegó el *Homo erectus* («humano erguido»), que podría haber medido 1,80 m de estatura. Los *Homo erectus* fabricaban más tipos de herramientas, construían refugios y usaban el fuego para cocer los alimentos y mantenerse calientes. Además, eran verdaderos aventureros: fueron los primeros antepasados que se atrevieron a marcharse de África y caminar hasta Europa y Asia.

Tal vez imagines que las especies siguientes, *Homo sapiens* («humano inteligente»), se cansaron de andar e inventaron el automóvil. Pero lo cierto es que los *sapiens*, que se desarrollaron hace entre 400.000 y 200.000 años, no eran tan, tan inteligentes. Vestidos, joyería y pinturas rupestres, sí; la rueda no. Con el tiempo, el *Homo sapiens* evolucionó en la forma moderna, *Homo sapiens sapiens* («humano muy inteligente») hace alrededor de 50.000 años.

¿Qué longitud tiene el río Nilo?

El río Nilo, en África, tiene el curso más largo de todos los ríos de nuestro planeta. Con sus 6.825 km, atravesaría una vez y media Estados Unidos. Sin embargo, no tienes de que preocuparte si alguien te lleva en un interminable crucero a lo largo del Interminable Nilo. El río, al igual que otros cursos fluviales africanos, es tan difícil de navegar que nadie fue capaz de recorrerlo de extremo a extremo hasta 1864, a pesar de que el hombre había vivido en sus orillas durante casi siete mil años.

El Nilo tiene sus fuentes en lo alto de las montañas de África oriental y fluye hasta el mar Mediterráneo. En un mapa da la sensación de discurrir hacia «arriba», pero en realidad discurre hacia el norte). Allí donde desagua en el Mediterráneo, se ramifica en otros muchos ríos más pequeños. El Nilo y su delta (la tierra fértil en la que desemboca en el mar) ha sido una auténtica línea de vida en el desierto desde la noche de los tiempos. Las aldeas que se erigieron en sus orillas acabaron formando el gran reino de Egipto, una de las civilizaciones más asombrosas y longevas de la humanidad. Aún hoy, más del 95% de la población egipcia vive en las inmediaciones del Nilo o en su delta.

Fenómenos de la Naturaleza:

Los ríos más largos del mundo

Nilo	África	6.825 km
Amazonas	América del Sur	6.437 km
Chang Jiang (Yangtzé)	Asia	6.380 km
Missouri-Mississippi	América del Norte	5.971 km
Yenisey-Angara	Asia	5.536 km
Huang (Amarillo)	Asia	5.464 km
Ob-Irtyish	Asia	5.410 km

¿Está enterrada en el desierto el África subsahariana?

Subsahariano no significa «debajo del Sahara», sino que se refiere, en el caso de África, a los países situados al sur de aquel desierto. Esta variada región está formada por cuarenta y seis países y 600 millones de habitantes.

En ocasiones, los geógrafos dividen el continente africano en regiones septentrionales y subsaharianas, ya que difieren considerablemente en cultura y clima. En general, los países de África septentrional son islámicos y en la mayoría de ellos se hablan lenguas árabes. La tierra es seca, seca, muy seca, y está dominada por el desierto y la escasez de agua. Al sur del Sahara coexiste una mayor mezcolanza de grupos étnicos y religiones, incluyendo el islamismo, el cristianismo y el hinduismo. Los africanos subsaharianos hablan como mínimo trece idiomas principales y miles de dialectos. La tierra es una mezcla de praderas tropicales, montañas, selvas pluviales y junglas, es decir, casi de todo excepto hielo polar.

¿Qué «come» el desierto del Sahara?

El mundo de las PALABRAS

El término «Sahara» procede de la palabra árabe que significa desierto, ¡de manera que en realidad lo estamos llamando «Desierto Desierto»!

La tierra que lo rodea. Al igual que muchos de los demás desiertos del mundo, el Sahara se expande por sus límites. Mucha gente que vive en las proximidades del desierto, faltos de alimentos y leña con la que calentarse, sobreutilizan la tierra cultivando demasiado, pastando demasiado el ganado o talando una cantidad excesiva de árboles. Pronto no habrá hierba ni árboles para retener y asentar el suelo colindante. La tierra se está secando y el desierto avanza. El crecimiento de un desierto se denomina desertización.

¿Cómo sabemos que el Sahara no ha sido siempre un desierto?

La gente que vivía allí hace miles de años, cuando el Sahara era un lugar más frío y más húmedo, nos dejaron una galería completa de arte rupestre que nos permite conocer cómo era su vida. Las primeras representaciones muestran cocodrilos y jirafas. Más tarde, aparecieron las formas humanas, los elefantes, rinocerontes y otros grandes animales que cazaban, así como el ganado que criaban.

«Otra de sus excelentes cualidades es el hábito de vestirse con prendas limpias y blancas los viernes. Aun en el caso de que un hombre sólo tenga una camisa deshilachada, la lavará y limpiará, y se la pondrá para el oficio del viernes. Y otra cualidad añadida es el celo por aprender el Corán de memoria. Cuando detectan el menor fallo de memoria en los niños, los colocan en fila y les hacen repetir los versículos hasta que los aprenden.»

–Ibn Battuta (aprox. 1304-1374), hablando acerca de los musulmanes que visitó en Mali, en su libro *Travels in Asia and Africa*

Conocido popularmente como el Marco Polo musulmán, Ibn Battuta fue el viajero más importante de su época, y tal vez de todos los tiempos. Nació en Marruecos, en el noroeste de África, en el seno de una familia adinerada, y creció estudiando el Corán, el libro sagrado de la religión islámica. Como musulmán, realizó el obligado viaje religioso a la ciudad santa de La Meca, pero lo que empezó como un simple viaje se acabó convirtiendo en casi treinta años de andadura por todo el mundo musulmán –África del Norte y Oriente Medio–, e incluso más allá. Ibn Battuta llegó hasta China y Rusia, y conoció más mundo que cualquier otro viajero anterior. Como mínimo, recorrió 120.700 km, más de lo que suelen cubrir la mayoría de los viajeros actuales, teniendo en cuenta que éstos no se desplazan en caravanas de camellos.

¿Quién bautizó a África como el «Continente Oscuro»?

Los europeos. El nombre no significaba que África no fuera soleada, sino que el término «oscuro» continúa siendo un misterio para la humanidad. Hasta el siglo XV, los europeos estaban familiarizados principalmente con las regiones septentrionales de África, donde habían comerciado durante miles de años. Pero todo el resto del continente seguía siendo un enigma, incluso su tamaño. Los europeos no habían atravesado el desierto del Sahara ni tampoco habían navegado demasiado hacia el sur por temor a lo que pudieran encontrar. Se rumoreaba que, una vez cruzado el ecuador, había agua hirviendo y serpientes que devoraban a los hombres.

Con todo, África era vibrante. La mayoría de la gente sabe que los egipcios construyeron algunas de las pirámides más asombrosas del mundo, pero no son

tantos los que conocen otros grandes reinos africanos. Centenares de años antes de que Colón surcara el océano azul, los reinos de Mali, Ghana, Songhay, entre otros, eran verdaderos centros de comercio, industria, religión y educación. En Ghana se comerció con más oro que en cualquier otra parte de la Tierra. De ahí el sobrenombre de «Costa de Oro» con la que se suele designar a esta región. Por su parte, Songhay tenía una universidad y una escuela de medicina. La música, la danza y el arte en oro, plata, bronce y marfil constituían una parte esencial de la vida.

¿Está prohibido aparcar en la costa africana para los barcos?

En cierto modo sí. Cuando los europeos empezaron a navegar hacia el sur, a lo largo de la costa occidental de África, hace aproximadamente seiscientos años, apenas hacían escalas en el continente. No había ningún lugar apropiado en el que echar las anclas. Una buena parte de la costa africana son rocas o acantilados, impracticables a modo de puerto, y allí donde hay playas de arena, el oleaje es muy fuerte. Incluso cuando los europeos descubrieron parajes en los que detenerse, no podían aventurarse demasiado en el continente. Los ríos de África son prácticamente innavegables a causa de los innumerables rápidos y cataratas. Asimismo, los desiertos, selvas pluviales y junglas tampoco contribuyen a facilitar las cosas. Sin ir más lejos, los mismos africanos no solían viajar a menudo por tan accidentado terreno.

¿Qué era el «oro negro» de África?

Su población. Cuando los europeos empezaron a navegar a lo largo de la costa occidental de África, su objetivo era encontrar una nueva ruta hacia India, pero no tardaron en darse cuenta de que el continente ofrecía sus propias riquezas y que valía la pena hacer un alto en el camino, riquezas incluso más valiosas que el oro. El comercio de esclavos –el oro negro– cambiaría para siempre la faz de la Tierra.

Entre el año 1500 y 1850, los traficantes de esclavos europeos capturaron alrededor de trece millones de africanos y los obligaron a cruzar el océano hasta las colonias americanas. Algunos gobernantes africanos vendían a su propia gente o a cautivos de otras tribus a los traficantes. Muchos de los habitantes más fuertes y sanos de África tuvieron que abandonar su hogar para siempre.

«Un día, cuando cada cual se dirigía a su trabajo como de costumbre, y sólo yo y mi querida hermanita nos quedamos en casa, dos hombres y una mujer saltaron los muros y en un abrir y cerrar de ojos nos maniataron. Luego, sin darnos tiempo a llorar o a oponer resistencia, nos amordazaron y nos llevaron apresuradamente hasta un bosque próximo. Mis gritos sólo sirvieron para que me apretaran más fuerte las ligaduras de las manos y la mordaza. Me metieron en un saco (...). El día siguiente fue sin duda alguna el más triste de toda mi vida; nos separaron a mi hermana y a mí mientras, abrazados, llorábamos desconsoladamente. Nuestras súplicas fueron en vano; la arrebataron de mi lado y se la llevaron de inmediato...»

–Olaudah Equiano, nacido en una noble familia africana y esclavizado cuando apenas era un niño

Tras once años como esclavo, Equiano fue liberado. Alrededor del año 1756 publicó una autobiografía best-séller con la esperanza de que su descripción de los horrores de la esclavitud contribuyera a poner fin a tan terrible institución.

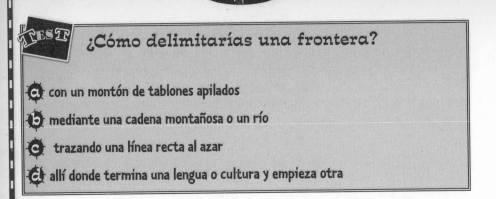

¿Cómo delimitarías una frontera?

a con un montón de tablones apilados

b mediante una cadena montañosa o un río

c trazando una línea recta al azar

d allí donde termina una lengua o cultura y empieza otra

Las letras «b» y «d» son las más apropiadas. Las fronteras naturales son precisamente esto: naturales, y cuando se trazan por otros motivos, suelen causar problemas a largo plazo.

Imagina lo siguiente: un día, se presenta un extranjero y traza una línea en medio de la calle en la que vives. Luego te dice, en su propia lengua, que mañana tendrás que ir a una nueva escuela y obedecer a un rey que vive en una tierra remota. Ya no puedes cruzar la calle para comprar en el supermercado porque ahora es otro país, y por desgracia no existe otra tienda en kilómetros a la redonda. O peor aún, tu mejor amigo también vive en la acera de enfrente y ya no puede venir a tu casa a jugar ni tú ir a la suya. Afortunadamente, el «matón» del vecindario reside en tu país; así pues, o congenias con él o estalla la guerra.

Eso fue exactamente lo que ocurrió en África en la década de 1880. Los europeos empezaron a explorar el interior del continente y no tardaron en ansiar el dominio de las tierras africanas al igual que lo habían hecho los habitantes autóctonos. Muchas naciones europeas, y en especial Gran Bretaña, Francia, Alemania, Italia, Portugal y Bélgica, llegaron a África y se la repartieron, asegurando a los indígenas que se beneficiarían de la educación y la religión cristiana. No prestaron la menor atención a los deseos de los africanos o a las fronteras tribales. África se convirtió en un continente de colonias, es decir, en una tierra gobernada por países extranjeros.

¿Por qué es tan difícil recordar el nombre de los países africanos?

No sólo porque son innumerables, sino también porque cambian constantemente. En 1991, todas las colonias de África habían obtenido la independencia de sus respectivos países europeos. Muchas cambiaron el nombre como un símbolo de libertad. El Congo Belga se convirtió en Zaire, y luego en la República Democrática del Congo. La Somalia francesa pasó a denominarse Djibouti, Rhodesia se llamó Zimbabwe, y así sucesivamente.

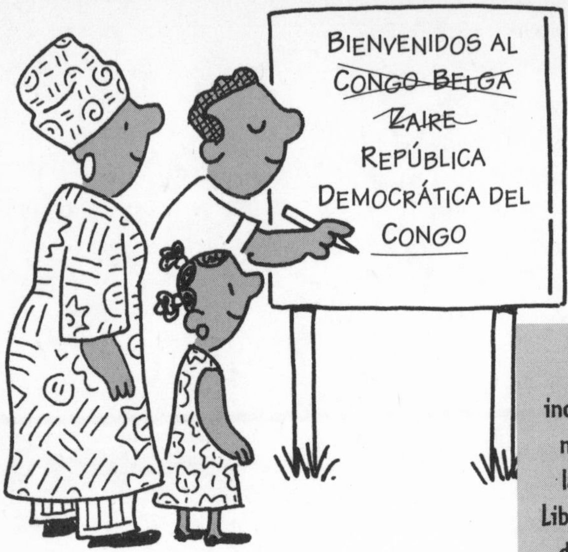

BIENVENIDOS AL
CONGO BELGA
ZAIRE
REPÚBLICA
DEMOCRÁTICA DEL
CONGO

El primer país africano independiente fue Liberia, cuyo nombre procede del término latino que significa «libre». Liberia fue uno de los países que desde el principio sufrió más intensamente el yugo de la esclavitud.

TEST **Cuál es la capital de la República de Sudáfrica?**

- a Pretoria
- b Ciudad El Cabo
- c Bloemfontein
- d todas las anteriores

La respuesta correcta es la «d». La República de Sudáfrica no tiene una ni dos capitales, sino tres. Pretoria es la capital administrativa, la sede del gobierno. Ciudad El Cabo es la capital legislativa, donde se elaboran las leyes, mientras que Bloemfontein es la capital judicial, es decir, donde residen los tribunales independientes.

¿Qué sonido hace el Cuerno de África?

Dado que el Cuerno no es un instrumento musical, sino una región situada en el lado este del continente, no emite sonido alguno. Pero si pudieras oírlo, es muy probable que fuera de guerra. El área, que tiene la forma del cuerno de un rinoceronte que penetra en el océano Índico, incluye los países siguientes: Etiopía, Eritrea, Djibouti y Somalia. En las pasadas décadas, estos países sufrieron incontables y cruentas guerras civiles entre los múltiples clanes y tribus. Además de los muertos a causa de la violencia, mucha gente ha perecido como consecuencia del hambre y la desnutrición. Los alimentos escasean a causa de las sequías y los primitivos métodos agrícolas. Por otro lado, los continuos combates en otras partes del Cuerno, al igual que en otras regiones africanas, consumen una considerable cantidad de dinero y recursos que de lo contrario se podrían invertir en cultivos y el transporte de las cosechas.

¿Está superpoblada África?

En ocasiones, quienes oyen hablar de los problemas de población en los países africanos creen que el continente está densamente poblado, cuando en realidad, los habitantes están distribuidos muy desigualmente a lo largo y ancho de África. La mayor parte del continente está deshabitado. En el África subsahariana, en especial, más del 70% de la gente vive dispersa y se dedica a la agricultura y ganadería, intentando ganar el sustento con una tierra que con frecuencia está demasiado seca, demasiado húmeda o excesivamente asolada por un sinfín de enfermedades. Otros, en cambio, se han reunido en grandes masas en unas pocas ciudades con un elevado índice de población, como Lagos, en Nigeria, o Kinshasa en la República Democrática del Congo.

El problema radica en que, incluso en las áreas agrícolas, la población ha excedido la capacidad de tolerancia de la tierra y una gran parte de los habitantes son incapaces de sustentarse con sus propios alimentos y agua. A pesar de ello, en algunos países la población está creciendo rápida y desmesuradamente. En efecto, la población de la mayoría de los países subsaharianos se duplicará en veinte o treinta años. (En Estados Unidos, la población no lo hará hasta transcurrido un siglo.) Asimismo, en África hay más refugiados –gente que se ve obligada a abandonar su hogar a causa de la guerra o la hambruna– que en cualquier otro continente. Los africanos tienen la esperanza de que una nueva generación de líderes autóctonos sepan conducirlos hasta un futuro mejor.

Al iniciarse el nuevo milenio, una de las cuestiones más acuciantes a las que tuvo que hacer frente África fue la fatal enfermedad del sida. A finales de 1999, el 84% de los 16,3 millones de fallecimientos a causa de esta enfermedad en todo el mundo se produjo en el África subsahariana. En algunos países, más de una de cada cinco personas estaban infectadas por el HIV, el virus causante del sida. Debido a la rápida propagación de esta enfermedad, se estima que la esperanza de vida media en el África subsahariana descenderá de cincuenta y nueve años a tan sólo cuarenta y cinco en el año 2010. En la actualidad, las naciones africanas educan mejor a sus ciudadanos acerca de las causas y la prevención de la enfermedad, mientras confían en que pronto se pueda descubrir un remedio eficaz.

ASIA

¿QUÉ TIENE DE EXTRAORDINARIO LA GRAN MURALLA CHINA?

MÁS GRANDE, MÁS ALTO, MÁS PROFUNDO...

TAMAÑO: El continente más grande: 44.579.000 km²

MONTAÑA MÁS ALTA: Everest: 8.850 m

PUNTO MÁS BAJO: Playas del mar Muerto: 408 m bajo el nivel del mar

LAGO MÁS GRANDE: Mar Caspio: 371.000 km²

RÍO MÁS LARGO: Chang (Yangtzé): 6.380 km

DESIERTO MÁS GRANDE: Gobi: 1.294.994 km²

ISLA MÁS GRANDE: Borneo: 725.500 km²

¿Por qué es tan extraordinaria Asia?

Porque además de contar con fenómenos tales como «¡El hombre más alto del mundo!» y «¡La calabaza más grande jamás cultivada!», tiene una infinidad de cosas que son «las más grandes» del mundo. Es el continente más extenso de nuestro planeta y el hogar de la mayor parte de la población del globo (3.637.000.000, es decir, 6 de cada 10 moradores de la Tierra). Asimismo, cuenta con el país más grande del mundo (Rusia: 17.075.000 km²*) y los dos países más populosos (China, con 1.254.062 habitantes, e India, con 1.002.142.000). Por otro lado, en Asia se halla el punto más elevado del planeta (el monte Everest), el punto más bajo (el mar Muerto) y el lago más grande de la Tierra (el mar Caspio).

* En la actualidad, alrededor de un tercio de Rusia pertenece a Europa, aunque en su mayor parte está situada en Asia. Como habrás observado, con lagos llamados mares, la geografía es una ciencia inexacta.

¿Cuál es la lengua que hablan más personas en el mundo?

Podrías pensar que es la inglesa, pero en realidad es el chino mandarín, lo cual no es de extrañar teniendo en cuenta que China tiene más habitantes que cualquier otro país. En segundo lugar se sitúa el hindi, seguido del castellano, inglés, bengalí y árabe. En el mundo existen más de doscientas lenguas que tienen un mínimo de un millón de hablantes.

Si estás en el «techo del mundo», ¿dónde te hallas?

a suspendido de las nubes

b en lo alto de una de las Torres Petronas de Malasia, los edificios más altos de la Tierra

c en las proximidades del Himalaya

La respuesta correcta es la «**c**». El Himalaya es la cordillera de montañas más alta del mundo (medido desde el nivel del mar). Por detrás del Himalaya figura el altiplano Tibetano en China, una región de tierras altas y llanas. La altura media de dicho altiplano es de 4.500 m, lo cual lo convierte en la zona más alta de nuestro planeta. De ahí que se conozca como el «techo del mundo».

La altura de las montañas del Himalaya se incrementa año a año

¡Cierto! El Himalaya no sólo alberga las montañas más altas de la Tierra, sino que además crecen cada año, lo cual es el resultado de su propia composición. Piensa en el desplazamiento continental y las placas tectónicas del capítulo 1.

Hace 40-60 millones de años, la placa de India se hundió debajo de la de Asia, y allí donde se juntaron, el estrato superior se plegó como un acordeón. La presión de una placa empujando debajo de otra es más que suficiente para elevar aproximadamente 1 cm cada año las montañas.

¿Qué canción cantan los habitantes de Asia meridional durante todo el verano?

«Está lloviendo, llueve a mares...» A lo largo de todo el verano, intensas lluvias acompañan a los vientos monzones que soplan desde el océano. Los monzones son vientos que cambian de dirección con las estaciones. Cuando soplan desde la tierra hacia el mar, en invierno, son secos, pero en verano, cuando lo hacen desde el mar hacia la tierra, son cálidos y húmedos. El índice de pluviosidad es realmente asombroso.

¿Es buena o mala esta lluvia? Depende. Mucha gentes en Asia meridional, y también en África Central y Australia septentrional, son granjeros que se han acostumbrado a vivir con las intensas lluvias de la estación monzónica. Los cultivadores de arroz, sobre todo del sudeste asiático, reciben con los brazos abierto la temporada cálida y lluviosa, pues es beneficiosa para sus cosechas. Pero en general, las lluvias no son buenas. Si llegan demasiado tarde o no llueve, los alimentos escasearán, y si llueve mucho, las inundaciones destruirán las cosechas y los pueblos.

¿Por qué se concentran las lluvias monzónicas en una cara de la cordillera del Himalaya?

Las montañas del Himalaya son muy pero que muy altas, como una especie de gran muro que atraviesa el sur de Asia. Y al igual que otras muchas cordilleras, son húmedas en una cara y mayormente secas en la otra.

Las cumbres impiden que las nubes se desplacen de una cara a la otra de las montañas. Cuando sopla el viento desde el océano, va cargado de humedad, y cuando ese viento llega a las montañas, el aire asciende, se enfría y forma nubes. A su vez, al encontrar la barrera montañosa, vierten casi toda el agua de lluvia en la cara ventosa, dejando la opuesta prácticamente seca. La pluviosidad en la cara ventosa del Himalaya oscila entre 500 y 1.500 cm/m^2 anuales, mientras que en la cara opuesta apenas llega a los 25 cm/m^2.

¿Quién inventó las ciudades?

En realidad, las ciudades no se «inventaron», sino que fueron el resultado de la necesidad. Pero si de lo que se trata es de determinar quiénes fueron los primeros urbanistas, probablemente deberíamos remontarnos a los antiguos mesopotámicos y egipcios. Los primeros humanos eran cazadores y recolectores que andaban siempre de un lado a otro en busca de alimentos. Pero cuando se inició la agricultura hace alrededor de diez mil años, las cosas empezaron a cambiar. Las granjas podían alimentar a más personas por hectárea de terreno que cazando o recolectando. Por su parte, los animales domesticados contribuían a transportar los alimentos hasta los centros de población.

Las primeras civilizaciones del mundo surgieron en los fértiles valles fluviales en Asia, incluyendo los del Huang (Amarillo) en China, el Tigris y el Éufrates en Oriente Medio, y el Nilo en Egipto. Las primeras auténticas ciudades también aparecieron en Asia. Eran las capitales de los antiguos imperios que se habían asentado en las riberas del mar Mediterráneo y en Oriente Medio. Es posible que el primer gran imperio fuera el sumerio, fundado hace 5.000-6.000 años en Mesopotamia, es decir, la región comprendida entre los ríos Tigris y Éufrates (el actual Irak). Su capital, Ur, se fundó alrededor de la misma época que las capitales egipcias de Tebas y Memfis.

¿Qué se inventó o desarrolló en Asia?

La astronomía, la domesticación de animales, el cultivo del trigo, la rueda, la cerámica de barro, las herramientas de hierro y de acero, además de las religiones occidentales (cristianismo, islamismo y judaísmo), los alfabetos, las ciudades, el arco y la flecha, el calendario, la escritura, el uso del cero, el ladrillo, la pizarra, los mapas, el tejido de la lana, la energía de vapor, las cometas, la calculadora, la brújula y la cerveza.

¡Todo esto y mucho más!

¿Qué tiene de extraordinario la Gran Muralla china?

La Gran Muralla china es la estructura artificial más larga de la Tierra. ¡Tiene casi 4.828 km de longitud! y cubre 2.414 km de tierra, aunque en realidad, con todo el serpenteo incluido, mide casi el doble. Caminando a un ritmo de 4 km/h día y noche, tardarías más de siete semanas en recorrerla toda de un extremo a otro.

La muralla se construyó para proteger China de las tribus guerreras mongoles que vivían en el norte. Afortunadamente, el Himalaya formaba una muralla natural en el sur, de manera que los chinos no tenían que preocuparse de los posibles invasores que llegaran de esta dirección. La Gran Muralla se empezó a construir alrededor del año 221 a.C. por el primer emperador de China, Shihuangdi. La construcción de la primera sección resultó tan agotadora y peligrosa que en ella perdieron la vida miles de trabajadores. Se rumorea que sus cuerpos fueron incorporados al barro de la muralla y que por lo tanto forman parte de la misma.

En el transcurso de los dos mil años siguientes, muchos gobernantes añadieron secciones y torres de vigilancia, de 7,6 m de altura y 3,66 m de anchura. La muralla resultaba intimidatoria por sí misma, aunque se necesitaba el concurso de los guerreros y oteadores para que la defensa resultara eficaz. Los mongoles consiguieron burlar la muralla en un par de ocasiones: la primera a principios del siglo XIII, atravesándola, y la segunda en 1644, rodeándola. En ambos casos, conquistaron China.

¿La Ruta de la Seda era un tejido sutil y delicado?

A decir verdad, era cualquier cosa menos delicado. Abierta alrededor del año 110 a.C., lo que se conoció como Ruta de la Seda fue la ruta comercial más antigua, más larga, más dura y más importante de toda la historia. Cubre una distancia de 6.400 km a través de las accidentadas montañas y abrasadores desiertos asiáticos, conectando el mar Mediterráneo en Occidente y China en Oriente. Por esta extraordinaria ruta se transportaba seda, piedras preciosas, especias, conocimientos, ideas y religiones entre los imperios que gobernaban ambos extremos de Asia.

¿Qué tipo de relatos narró Marco Polo?

Salvajes, por lo menos en opinión de los europeos. Marco Polo era el hijo de un comerciante veneciano y uno de los primeros y más famosos viajeros que llegaron hasta China. Incluso después de mil años desde la apertura de la Ruta de la Seda, Oriente seguía siendo un misterio para Europa. Pocos se habían atrevido a recorrer el interminable trayecto hasta «Cathai», como se llamaba China. Los comerciantes preferían enviar sus mercancías a través de una red de mercaderes que se extendía desde Europa hasta China. Pero alrededor del año 1245 eso empezó a cambiar. Una tribu de guerreros –los mongoles– conquistaron prácticamente todas las tierras entre Oriente y Occidente, lo que facilitó considerablemente el viaje.

En el año 1271, cuando él, su padre y su tío realizaron un viaje de tres años y medio a través de Asia, Marco Polo era un adolescente. El joven Polo pasó diecisiete años recorriendo y visitando Asia al servicio del emperador chino Kublai Khan, y luego regresó a Europa cargado de rubíes, esmeraldas, diamantes y un sinfín de historias acerca de las riquezas y esplendor que había visto. Sus relatos de palacios decorados con oro y plata, fuegos artificiales fabricados con pólvora, libros impresos y papel moneda eran tan increíbles que muchos pensaron que eran una pura invención.

Aunque no era tan valioso como los rubíes y las esmeraldas, uno de los productos más sabrosos que encontró Marco Polo en Oriente fue el helado. Es probable que este postre helado tuviera sus orígenes en el hielo aromatizado que se servía en la antigua Roma. Pero tras la caída del Imperio Romano, el helado desapareció de Europa hasta que Marco Polo trajo consigo la receta de Oriente, que por cierto era muy similar a la actual, con la leche como el principal ingrediente.

«En esta ciudad, Kublai Khan construyó un colosal palacio de mármol y otras piedras ornamentales. Los muros y cámaras están revestidas de pan de oro, y todo el edificio está maravillosamente embellecido y ricamente adornado (...). En medio de este parque cerrado, donde hay una hermosa arboleda, el Gran Khan ha erigido otro gran palacio, construido completamente de caña, pero con el interior dorado y decorado con animales y aves de una excelente artesanía (...). El techo también es de caña, tan bien barnizado que es bastante impermeable (...). El Gran Khan lo ha diseñado de tal modo que se puede trasladar con suma facilidad; se sostiene en su sitio con más de doscientas cuerdas de seda.»

–De *Viajes de Marco Polo*, del propio Marco Polo, describiendo el parque de Kublai Khan en Shang-tu, o Beijing, alrededor del año 1275

¿Por qué no descubrieron las Américas los navegantes árabes o asiáticos?

Básicamente porque, a diferencia de los europeos, no andaban en busca de rutas comerciales. En la Edad Media, los árabes ya habían establecido un fluido comercio con Oriente, sin preocuparse, como hicieron los cristianos europeos, de propagar su religión, el islamismo.

Asimismo, los chinos tampoco buscaban socios comerciales, pues tenían todo lo que necesitaban. Por otro lado, no sentían una inclinación especial hacia los extranjeros. De ahí la construcción de la Gran Muralla para mantenerlos alejados. Así pues, si bien es cierto que los chinos habían sido unos de los primeros y mayores constructores de barcos y los inventores de la brújula, tras haber navegado por los Mares del Sur, África oriental e Indonesia, volvieron a dedicarse a sus propios asuntos.

¿En medio de qué está Oriente Medio?

En medio de Oriente. El «este» de Asia es tan vasto que los europeos lo dividieron en Oriente Próximo (Europa oriental, Asia occidental y norte de África), Extremo Oriente (sudeste asiático, China, Japón y Corea) y Oriente Medio (todas las tierras intermedias). Actualmente, el término Oriente Medio suele referirse a Israel, Egipto y la península arábiga (Arabia Saudí y los países del entorno).

En tiempos remotos, Oriente Medio se hallaba en el centro del mundo conocido. La zona es la encrucijada de tres continentes: Asia, Europa y África. Cualquiera que deseara comerciar desde Oriente hacia Occidente tenía que detenerse allí, lo cual contribuyó a la fundación de grandes y esplendorosos imperios (Egipto, Babilonia, Roma, Grecia, Arabia y el imperio otomano).

TEST

¿Para qué religión o religiones se considera santa la ciudad de Jerusalén en Israel?

a judaísmo **d** hinduismo

b islamismo **e** budismo

c cristianismo

Las respuestas correctas son «a», «b» y «c». Estas tres grandes religiones del mundo aparecieron en Oriente Medio hace miles de años (las otras dos grandes religiones, es decir, el hinduismo y el budismo, también se instituyeron en Asia, concretamente en India). Las tres religiones de Oriente Medio tienen alguna conexión con Jerusalén. Para los judíos, esta ciudad es la antigua capital de Israel; para los cristianos, es el lugar en el que Jesús fue crucificado, enterrado y donde resucitó; y para los musulmanes es el lugar donde Mahoma ascendió a los cielos. En la actualidad, las tres continúan luchando por controlar la ciudad que consideran sagrada.

¿Cuál es el tesoro más negro, viscoso y pegajoso de la Tierra?

El petróleo. En efecto, el petróleo es una valiosa fuente de energía no renovable. Se emplea en la fabricación de telas, alfombras, detergentes, cosméticos, aspirina, plásticos y pasta dentífrica, además de utilizarse como combustible para los automóviles, embarcaciones y aviones, así como para calentar nuestros hogares y edificios. La mitad de la energía que se produce en el mundo procede del petróleo.

Los desiertos de la península Arábiga están situados sobre un tercio de las reservas conocidas de petróleo del planeta, lo cual confiere a esta área un extraordinario poder. El descubrimiento del petróleo en la década de 1930 transformó una pobre tierra de pastores y tiendas en una rica región de hombres de negocios y edificios de oficinas. No obstante, a pesar de disponer de toda esta riqueza, la tierra de las arenas carece de algo que puede ser incluso más valioso: agua. En los desiertos de la península Arábiga no hay ningún río.

Si Rusia es tan extensa, ¿por qué no tiene más habitantes?

Porque en una buena parte del país el clima es extremadamente frío e inhóspito. La región septentrional, conocida como Siberia, ocupa más de la mitad de Rusia, pero en ella vive menos del 20% de su población a causa de las severas temperaturas, el suelo permanentemente helado y los inviernos en los que nunca sale el sol. Siberia es el lugar más frío del planeta además de la Antártida. El paisaje es tan desolado que se convirtió en un emplazamiento en el que los líderes rusos recluían a los prisioneros. Los nativos que viven en Siberia se dedican al pastoreo de renos y al curtido de la piel. Pero lo cierto es que muy poca gente habita estos parajes. Para encontrar a la mayoría de los rusos hay que viajar al sur y al oeste, hasta las estepas, las praderas y las planicies sin arbolado, así como a las grandes ciudades, tales como Moscú y San Petersburgo.

¿Por qué no es posible aprovechar la mayoría de los recursos naturales de Siberia?

Aunque Siberia es rica en carbón, petróleo y otros minerales, es difícil obtener estos recursos a causa del permafrost, o terreno permanentemente helado. Uno de los recursos más accesibles y más hermosos de Siberia es el enorme lago Baikal, el más profundo del mundo. El lago Baikal y su entorno constituyen el hábitat de casi 1.500 especies de animales inexistentes en el resto de la Tierra. El lago estaba limpio y tranquilo hasta que los hombres de negocios empezaron a talar los árboles y a verter residuos industriales en sus otrora cristalinas aguas.

Actualmente, equipos de científicos rusos e internacionales están intentando salvar este antiguo ecosistema.

Si vivieras en India, ¿serían tus padres quienes pactarían tu matrimonio?

Es posible que sí, sobre todo si fueras miembro de la religión hindú. Alrededor del 80% de los indios practican el hinduismo, la religión más antigua del mundo. El hinduismo apareció en India, y la inmensa mayoría de sus fieles siguen viviendo en aquel país. Los hindúes veneran a muchos dioses y creen en la reencarnación, es decir, el renacimiento del alma de la persona a lo largo de múltiples vidas. Otro de los aspectos importantes de la vida tradicional hindú es el sistema de castas, que diferencia a los fieles en cuatro clases sociales: sacerdotes y eruditos; guerreros, legisladores y terratenientes; granjeros, comerciantes y mercaderes; y trabajadores, artesanos y siervos. Debajo de las distintas castas se sitúan los «intocables». Se supone que los miembros de las diferentes castas no mantienen ninguna relación entre sí, de manera que tanto el trabajo como el matrimonio están prohibidos. La única forma de ascender en el escalofón de las castas es mediante la reencarnación en la siguiente vida.

Muchos grupos e individuos han osado desafiar el rígido sistema de castas, que se fracturó un poco durante el gobierno británico en India (1858-1947) y como resultado de las protestas no violentas de un líder hindú llamado Mohandas Gandhi. En la actualidad, el sistema de castas sigue teniendo una gran relevancia, aunque se ha flexibilizado relativamente en las ciudades, donde los miembros de castas diferentes se mezclan más a menudo. Hoy en día, la práctica de la intocabilidad y la discriminación basada en el sistema de castas se considera ilegal.

¿Cuál es la lengua oficial de India?

El asamés, bengalí, gujarati, hindi, kannada, kashmir, malayalam, marathi, oriya, punjabi, sánscrito, sindi, tamil, telugu y urdu. En efecto, India tiene quince lenguas oficiales como consecuencia de la extraordinaria diversidad de grupos étnicos que viven allí. Empezando por los aryanos, que invadieron el sur de Asia hace alrededor de seis mil años, muchos pueblos se han trasladado a India y establecido diversas religiones, trayendo sus lenguas consigo. Aproximadamente la mitad del país habla o comprende el hindi. Asimismo, mucha gente habla inglés como segunda lengua habitual, una práctica que se remonta a los días en que India estaba gobernada por los británicos.

¿Cuál podría ser el proverbio nacional japonés?

«Si la vida te da limones, haz limonada.» Dicho de otro modo, si algo te causa amargura, transfórmalo en algo dulce.

Japón constituye uno de los grandes éxitos históricos del mundo. Es una de las naciones más ricas y productivas, aunque geográficamente hablando, tiene todos los limones. Japón se construyó a lo largo de una cadena de islas montañosas situadas en el Círculo de Fuego, en el océano Pacífico, está rodeada de cuarenta volcanes activos y puede sufrir alrededor de quince terremotos al año. Sus recursos petrolíferos son escasos y sólo el 15% de la tierra es cultivable. Aun así, tiene una densísima población que alimentar.

El poder de Japón reside en las ideas, energía, técnica y educación de sus ciudadanos, que trabajan para conseguir objetivos comunes. Como isleños, los japoneses se alimentan principalmente de pescado y arroz, invirtiendo el dinero en negocios y tecnología. En una cultura que valora el trabajo duro, se concentran en elaborar productos de la máxima calidad. En la década de 1990 Japón era el número uno o dos del mundo en la fabricación de vídeos, televisores, hornos microondas, ordenadores, fotocopiadoras, frigoríficos, relojes y cámaras fotográficas.

Si buscas Japón en un mapa del océano Pacífico, comprobarás que las cuatro islas principales y sus más de mil pequeños islotes que forman el archipiélago tienen forma de dragón.

¿Cuál es el resultado de agrupar trece mil islas?

Un país: Indonesia para ser exactos. Muchos de los países del sudeste asiático forman archipiélagos, es decir, cadenas de islas. Indonesia se extiende a lo largo de más de trece mil islas, al igual que Filipinas, que también está formada por miles de islas. Los navegantes, siguiendo los vientos monzones que soplan en todas estas naciones tropicales, introdujeron numerosas religiones y tradiciones asiáticas, así como una infinidad de productos, tales como los tejidos y el mango.

TEST

¿Dónde se halla el edificio más alto del mundo?

a) Tokio (Japón)

c) Nueva York (Estados Unidos)

b) Chicago (Estados Unidos)

d) Kuala Lumpur (Malasia)

La respuesta correcta es la «d». El World Trade Center de Nueva York era el edificio más alto del mundo hasta que se construyeron las torres Sears en Chicago, y éstas fueron las más altas hasta que en 1998 se finalizaron las obras de construcción de las torres Petronas en Malasia. Las torres malayas son un ejemplo de hasta qué punto muchas naciones establecidas en pequeñas islas se han convertido en poderosos gigantes económicos en un corto período de tiempo. Países tales como Corea del Sur, Taiwán y Singapur disponen de escasos recursos naturales, de manera que, al igual que Japón, se centran en la fabricación y exportación de mercaderías. Todas estas áreas son urbanas en un mínimo de tres cuartas partes, si no en su totalidad, y disponen de excelentes puertos de gran calado que permiten la entrada de grandes buques.

¿Por qué hay tantas cosas en América con la etiqueta de «Made in Taiwán»?

Porque casi el 40% de lo que importa Estados Unidos está fabricado en China, Taiwán u otros países del Pacífico. Las mercancías elaboradas allí son menos caras que las que se producen en Estados Unidos, ya que los salarios que perciben los trabajadores en aquellos países son inferiores. La gente no ha llegado a un acuerdo acerca de si esto es positivo o negativo. Unos dicen que, si bien es cierto que pueden obtener productos más económicos, la práctica deja a muchos americanos sin empleo, mientras que para otros, resulta beneficioso para el americano medio. Ambas partes aseguran que a menudo este tipo de trabajo comporta un excesivo número de horas y pésimas condiciones laborales, lo que dificulta la vida de los trabajadores.

CAPÍTULO 6

EUROPA

¿ACASO «EURO» ES EL SOBRENOMBRE DE LOS EUROPEOS?

MÁS GRANDE, MÁS ALTO, MÁS PROFUNDO...

Tamaño:

Sexto continente más grande:
10.530.750 km^2

Montaña más alta:

El'brus: 5.642 m

Punto más bajo:

Mar Caspio (orilla europea):
28 m bajo el nivel del mar

Lago más grande

Ladoga: 17.703 km^2

Isla más grande:

Gran Bretaña: 218.100 km^2

La única gran ciudad del mundo que existe en dos continentes es Estambúl (Turquía). Está construida en ambos lados del Bósforo, un estrecho que se extiende desde el mar Negro hasta el mar de Mármara y que forma parte de la frontera entre Europa y Asia.

¿Dónde empiezan Europa y Asia?

Si observas un mapa del mundo, verás que Europa es una inmensa península, un área de tierra circundada de agua por tres lados que se une a la masa continental asiática por uno de ellos. Aun así, la cultura, religión, historia, política y lenguas de Europa difieren considerablemente de las de Asia. De ahí que los geógrafos dividan esta masa de tierra en dos continentes a lo largo de los Urales y los mares Caspio y Negro. Para complicar aun más las cosas, Rusia y Turquía están situadas a caballo de esta línea.

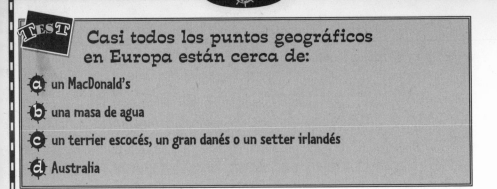

Casi todos los puntos geográficos en Europa están cerca de:

a un MacDonald's

b una masa de agua

c un terrier escocés, un gran danés o un setter irlandés

d Australia

La respuesta correcta es la «b». Casi todos los puntos geográficos de Europa están situados a escasos centenares de kilómetros de un océano o una gran bahía. Esto implica tres cosas. Primera, Europa tiene muchísimas playas. Segunda, el continente disfruta de un clima relativamente moderado durante una buena parte del año, ya que las corrientes oceánicas evitan que la tierra se caliente o enfríe demasiado. Y tercera, a lo largo de la historia, sus habitantes han estado en un estrecho contacto con el mar, ya sea como comerciantes, exploradores o incluso piratas.

La península europea está formada por innumerables penínsulas más pequeñas a lo largo de la línea costera. Una de las que se identifica más fácilmente es Italia. La encontrarás enseguida en el mapa por su forma de bota.

Los europeos que se aventuraron a navegar por diversas partes del globo –Marco Polo en China; Vasco de Gama en India; Cristóbal Colón y los conquistadores españoles en las Américas; James Cook en Australia y cerca de la Antártida– propagaron la cultura occidental, o europea, alrededor del mundo. Y pisando los talones de los exploradores llegaron los mercaderes y misioneros, trayendo consigo los productos y la religión europeos. Y a su vez, pisando los talones de los comerciantes y misioneros, llegaron los colonos.

¿Existió Troya?

Sí, muchas Troyas, cada una de ellas construida sobre la anterior. La antigua ciudad de Troya, situada en la actual Turquía occidental, fue el emplazamiento de la legendaria guerra greco-troyana que el poeta griego Homero relató en la *Ilíada* hace más de dos mil años. Al final, tras diez años de lucha, los griegos se alzaron con la victoria construyendo y ocultándose en un enorme caballo de madera fuera de las murallas de Troya. Cuando los intrigados troyanos llevaron el caballo hasta el interior de la ciudad, los griegos se lanzaron al ataque, franquearon la entrada al resto de su ejército y quemaron completamente la ciudad.

Nadie sabía si la antigua Troya había existido realmente hasta que un curioso alemán, Heinrich Schliemann, consiguió encontrar sus ruinas hace más de un siglo. Durante las excavaciones, se desenterraron ocho niveles de la ciudad, con otras nuevas construidas sobre las primeras.

¿Qué «enfermedad» contrajeron los europeos en el siglo xv?

Una condición patológica de Fiebre Exploradora. Los relatos de Marco Polo despertaron la codicia de los europeos por conseguir las riquezas de India, China y las «Islas de las Especias» orientales. Eran conscientes de que quienquiera que dominara el comercio de las sedas, especias y piedras preciosas se haría rico y poderoso. Pero en lugar de desplazarse a través de las montañas y los desiertos como había hecho Marco Polo, se propusieron encontrar una ruta marítima hacia Oriente.

Se trataba de rodear África. El problema era que nadie sabía cuáles eran las dimensiones de aquel continente. ¿Cuán al sur habría que navegar? ¿Existiría realmente un camino hacia Oriente circundando África? Dos mil años antes, los griegos habían sugerido la existencia de un gran continente en el sur para compensar toda la tierra que había en el norte. ¿Acaso África estaba conectada con esta desconocida tierra meridional? Y lo que era más importante para la mayoría de los navegantes: ¿estarían hirviendo las aguas que rodeaban África y repletas de serpientes devoradoras de hombres?

Un joven europeo estaba convencido de que todas aquellas historias eran pura fantasía. El príncipe Enrique el Navegante de Portugal, movido por una profunda curiosidad a pesar de no ser un navegante propiamente dicho, envió más de quince expediciones de temerosos marinos rumbo a la costa occidental de África, que se aventuraron en lo que se conocía como Absolutamente Desconocido. Los navegantes de Enrique no consiguieron llegar demasiado lejos antes de que en el año 1460 muriera su patrón, aunque ninguno de ellos encontró el menor rastro de monstruos amenazadores o de aguas incandescentes. Los hombres de Enrique abrieron una nueva vía para otros exploradores portugueses. En 1487, Bartholomeu Dias rodeó la punta meridional de África, y diez años más tarde, Vasco da Gama navegó alrededor de dicha punta y prosiguió su travesía hacia el norte, hasta India.

> En Europa existía una gran demanda de especias, que originariamente sólo crecían en el sudeste asiático. Aunque la mayoría de la gente cree que las especias se utilizaban para aromatizar y conservar los alimentos, lo cierto es que al principio se empleaban en la elaboración de medicinas.

¿Por qué son diferentes Inglaterra, Gran Bretaña y el Reino Unido?

Veamos por qué. Inglaterra es un país. Está situado en una isla llamada Gran Bretaña, que comparte con otros dos países: Escocia y Gales. Aquellas tres naciones se unieron a una cuarta: Irlanda del Norte, que ocupa una isla situada al este de Gran Bretaña, formando una unidad política que se conoce como Reino Unido. A menudo, los ciudadanos de estos tres países reciben el nombre de británicos.

¿Existe una sola Irlanda o dos?

Dos. Irlanda del Norte, que ocupa la región nororiental de la isla de Irlanda, forma parte del Reino Unido, mientras que el resto de la isla es una nación independiente conocida como República de Irlanda.

En épocas pasadas, toda Irlanda constituía un solo país y una colonia de Inglaterra, hasta que en 1920 se dividió. La República de Irlanda obtuvo la independencia, pero Irlanda del Norte, donde se habían establecido muchos ingleses y escoceses, siguió bajo el control inglés. Ambos países han sufrido innumerables conflictos religiosos entre los católicos (la mayoría en la República) y los protestantes (la mayoría en Irlanda del Norte). Asimismo, son muchos los irlandeses del norte que no aceptan el dominio británico. El conflicto político y religioso, que con frecuencia se conoce como los «problemas» de Irlanda, ha desencadenado mucha violencia e incontables ataques terroristas tanto en Irlanda como en Gran Bretaña.

¿Hay esmeraldas en la isla Esmeralda?

Ni una. Irlanda fue bautizada con este sobrenombre a causa de su extremadamente verde campiña. Al igual que las demás islas británicas, Irlanda disfruta de un clima relativamente moderado, con abundantes lluvias fruto de las corrientes oceánicas cálidas que fluyen alrededor de Irlanda y Gran Bretaña.

¿Por qué se habla el inglés en tantas partes diferentes del mundo?

Porque en su día estuvieron gobernadas por aquella pequeña isla europea, la cuna de Shakespeare, el príncipe Carlos, el monstruo del lago Ness y Alicia en el país de las maravillas. ¿Cuál era ese país? Probablemente lo habrás adivinado. Se trata de Gran Bretaña. Esta isla tiene un tamaño de poco más de la mitad de California. Aun así, los británicos crearon un imperio que, en la década de 1880 y 1890, dominaba una cuarta parte de la tierra del mundo y un quinto de su población. El proverbio «nunca se pone el sol en el Imperio Británico» era una gran verdad.

La geografía tiene mucho que ver con el éxito de Gran Bretaña. Rodeada de agua, la isla resistió un sinfín de invasiones durante novecientos años. Los famosos acantilados blancos de Dover recibían a los invasores procedentes del continente europeo, actuando a modo de ejército extra. Y dado que las rutas

Actualmente, Gran Bretaña no está tan aislada como en épocas pasadas. En 1994, el Chunnel (abreviatura de Channel Tunnel, o túnel que discurre por debajo del Canal) conectó Gran Bretaña con el continente europeo por primera vez desde la Edad del Hielo. Ahora, los viajeros británicos y franceses que solían desplazarse en avión o ferry a través del Canal pueden visitar o simplemente cenar con sus vecinos gracias a un tren muy veloz que recorre el trayecto en treinta y cinco minutos.

hacia cualquier otra nación estaban pavimentadas de agua, Gran Bretaña desarrolló una poderosa flota con la que consiguió dominar los mares y viajar a lo largo y ancho del mundo fundando colonias de las que obtenía ingentes recursos que contribuyeron a su riqueza y poder.

¿Por qué existen tantos centros turísticos en los Alpes?

La cordillera de los Alpes es la más famosa de Europa, y no es de extrañar, ya que exhibe impresionantes picos cubiertos de nieve y lagos glaciales, una infinidad de carreteras de fácil acceso e innumerables instalaciones para la práctica de deportes al aire libre. Para los escaladores está el Mont Blanc, la segunda cumbre más alta del continente, así como el Matterhorn, cuyas aristas verticales han desafiado a muchos montañeros.

Los Alpes albergan diversos valles naturales y pasos de montaña, de manera que, a diferencia del Himalaya, no separan a los habitantes que viven en las dos caras de la cordillera, aunque lo cierto es que tampoco facilitan demasiado el tránsito. Los Alpes forman una frontera natural entre la cultura germánica y el clima frío en el norte, y las culturas mediterráneas y el clima más cálido en el sur.

TEST

Si viajas hacia el norte de Europa en invierno, no olvides:

a) la cámara fotográfica

b) una linterna

c) los esquís, patines de hielo y stick de hockey

d) todo lo anterior

La respuesta correcta es la «d». Los gélidos países nórdicos de Suecia, Noruega, Dinamarca, Finlandia e Islandia, comúnmente conocidos como Escandinavia, constituyen otro de los paraísos europeos de los deportes de invierno, exceptuando Dinamarca, llana, pantanosa e ideal para los paseos en bicicleta. Al hacer el equipaje, debes llevar tu cámara fotográfica para sacar fotos del majestuoso escenario de la zona. Escandinavia dispone de accidentadas montañas, vastos bosques perennes e impresionantes fiordos. Los fiordos son estrechos golfos situados a lo largo de la costa noruega en los que penetra el océano, formando ríos y glaciares. También existen fiordos en América del Norte y del Sur, así como en Nueva Zelanda, aunque los de Noruega son sin duda alguna los más famosos. Los fiordos no son sólo asombrosos, sino también útiles. Los ríos y cataratas procedentes de las montañas proporcionan una inmensa fuente de energía hidroeléctrica.

Pero el invierno en Escandinavia no es todo paisaje y esquí. La región ha sido conocida desde hace muchísimo tiempo como la Tierra del Sol de Medianoche. Esto se debe a que, en las regiones septentrionales, el sol no se pone durante un mínimo de una noche cada verano (recuerda que la Tierra está inclinada respecto a su eje y que Escandinavia está muy próxima al polo norte). En invierno sucede lo contrario. En efecto, necesitarás una linterna, pues el sol casi nunca supera la línea del horizonte. Incluso en el sur de Escandinavia, los días invernales son cortos y sombríos.

¿Está muy helada Islandia?

No mucho. Al igual que Groenlandia (tierra verde), Islandia (tierra de hielo) no hace honor a su nombre. Los inviernos en la capital, Reykjavik, no son mucho peores que los de Nueva York. Los vikingos, que pasaron dos rigurosos inviernos en la isla en la década del año 800, fueron quienes la bautizaron, pero su dureza se debe más a lo accidentado de la zona que a su clima. Alrededor del 80% de Islandia son montañas, planicies rocosas y campos de hielo, mientras que el clima de la isla suele ser moderado a causa de la corriente oceánica llamada Corriente del Atlántico Norte y de los múltiples manantiales de agua caliente del subsuelo, manantiales que contribuyen a iluminar Islandia. En efecto, el 80% del suministro eléctrico del país procede de la energía geotérmica.

¿Qué ha exportado Europa occidental al resto del mundo?

Conocimientos, música, literatura y arte. Europa occidental no ha dejado de producirlos desde que los griegos realizaran extraordinarios avances en arquitectura, ciencia, matemáticas, filosofía, literatura y democracia hace aproximada-

mente dos mil quinientos años. Los romanos aprovecharon el desarrollo de Grecia y lo continuaron, dominando el Mediterráneo durante casi mil años. Más recientemente, Europa ha dado al mundo genios de la talla de Shakespeare, Mozart, Tchaikovsky, Beethoven, Miguel Ángel, Picasso, Newton, Einstein, Dickens, entre muchos otros, ¡sin mencionar el vino y la moda francesas, los relojes suizos, la tarta de chocolate alemana, las tostadas franceses, las salchichas polacas y las bolitas de carne suecas! En la actualidad, esta parte de Europa sigue siendo la sede de muchos de los centros culturales más importantes del mundo, tales como Londres, París, Roma o Berlín. ¡No es pues de extrañar que reciba la visita de un número tan elevado de turistas! Los que no están disfrutando de los deportes invernales en los Alpes, se dedican a absorber cultura en las ciudades.

¿Por qué hay tantas ciudades en Europa?

La mayoría de las ciudades se fundaron a modo de fortines defensivos o como en-
crucijadas comerciales y rutas de transporte a lo largo de los ríos. Basta pensar en
las múltiples vías fluviales navegables que recorren Europa. Al vivir muchísima
gente en la misma área, el lugar atrae a toda clase de servicios e instituciones culturales. A se vez, los servicios atraen más gente, y la ciudad crece; a mayor población, más servicios, y así sucesivamente. Así es como se han desarrollado muchas
de las metrópolis europeas. Actualmente, las grandes ciudades como Moscú, Londres, París y Madrid están conectadas a innumerables áreas más pequeñas y densamente urbanizadas a través del ferrocarril, carreteras y ríos. Hoy en día, el segundo continente más pequeño del mundo es también el segundo más poblado.

¿El Benelux es un modelo de automóvil?

¡Qué va! Bélgica, Holanda y Luxemburgo son tres pequeños pero prósperos
países que en ocasiones reciben el nombre colectivo de Benelux. Situados cerca del mar del Norte y Gran Bretaña, estos países se han beneficiado de un fácil acceso al comercio mundial gracias a sus puertos. Bélgica y Holanda establecieron colonias en diversas regiones del planeta, enriqueciéndose con el
comercio de mercancías extranjeras tales como especias, maderas y chocolate.
Aun hoy, los chocolates belgas están considerados como unos de los mejores
del mundo.

A veces, Bélgica, Holanda y Luxemburgo también reciben el nombre de Países Bajos, lo cual no tiene nada de insultante, sino que significa que la tierra es muy baja. En realidad, casi la mitad de Holanda está situada bajo el nivel del mar. Poco a poco, el país ha drenado y bombeado el agua, ganando tierras al mar.

La nación independiente más pequeña del mundo es la Ciudad del Vaticano, situada dentro de Roma (Italia). Este minúsculo estado, que es la sede de la iglesia católica y romana, tiene 0,4 km^2 y alrededor de mil habitantes. No obstante, dispone de su propio pasaporte, monedas, sellos y emisora de radio.

En Europa, ¿dónde deberías montar en una embarcación para ir al supermercado?

En Venecia (Italia). Venecia es una ciudad costera construida sobre más de un centenar de diminutas islas conectadas entre sí por centenares de puentes. En lugar de autopistas, la ciudad dispone de calles de agua llamadas canales. Venecia nació como centro de comercio, pues resultaba muy fácil para los barcos entrar y salir de la ciudad. En la Edad Media, se había enriquecido de un modo extraordinario mediante el comercio de seda y especias de Oriente.

¿Por qué tienen tanto trabajo los cartógrafos europeos?

Porque se pasan la vida confeccionando, desmembrando y reconfeccionando países. En el siglo xx, cuando las dos guerras mundiales y la desaparición de la Unión Soviética cambiaron el mapa geográfico en Europa, los cartógrafos tuvieron que retrazar las fronteras una y otra vez.

Antes de la primera guerra mundial, un puñado de grandes naciones, tales como el imperio alemán y el imperio austro-húngaro, controlaban una buena parte del viejo continente, pero la conflagración bélica fracturó y recompuso muchos de aquellos países, apareciendo Polonia, Checoslovaquia y Hungría, entre otros. La segunda guerra mundial dividió Alemania en dos, reunificándose en 1989. Entretanto, la Unión Soviética, un grupo de quince repúblicas que constituían Rusia después de la primera guerra mundial, se desmembró de nuevo en otras tantas repúblicas en 1991. Afortunadamente, los cartógrafos disponían de ordenadores, y por lo menos ya no tenían que retrazar los mapas manualmente.

¿Se pueden cambiar las fronteras de un país con la misma facilidad con la que se retrazan en un mapa?

Para los cartógrafos tal vez sí, pero no para la gente que vive en el interior o alrededor de aquellas líneas fronterizas. Al desmembrarse la Unión Soviética, se desencadenaron diversos conflictos que anteriormente habían sido controlados por el rígido gobierno soviético. Muchos grupos étnicos de Europa del Este, entendiendo por grupos étnicos aquellos que tenían una religión, raza, cultura o nacionalidad particular, empezaron a luchar para dirimir hasta dónde se extendía cada frontera.

Esto resultó especialmente cruento en la antigua Yugoslavia, que se había constituido caprichosamente al desaparecer el imperio austro-húngaro tras la primera guerra mundial. ¡Mala idea!, pues muchos grupos étnicos diferentes se habían asentado en los valles aislados de la región, y a causa de las distintas culturas, tales grupos nunca han mantenido una relación amistosa. Después de la desaparición del gobierno soviético, innumerables guerras crueles y sangrientas asolaron Yugoslavia. En la actualidad, el país se ha dividido en cinco naciones independientes, aunque en cualquier momento pueden estallar nuevos conflictos.

¿Existe Transilvania?

¡Sí! El hogar de la homónima criatura provista de afilados colmillos de la novela de Bram Stocker, *Drácula*, es una región situada en el centro de Rumanía. El personaje vampiro del conde Drácula se basaba en una persona real, el príncipe medieval Vlad III, conocido por sus atroces asesinatos. El castillo del conde Vlad sigue en pie en Transilvania.

¿Acaso «euro» es el sobrenombre de los europeos?

No. El euro es la moneda común de los países que forman la Unión Europea (UE). Quince países –Francia, Alemania, Reino Unido, Holanda, Bélgica, Luxemburgo, Austria, Italia, Irlanda, Dinamarca, Suecia, Finlandia, Portugal, España y Grecia– constituyeron la Unión, que se creó en 1993 para contribuir a que aquellas naciones se convirtieran en una potencia económica de mayor envergadura. En 1999, la UE acuñó su nueva moneda válida para todos los países. El euro está en círculación desde el año 2002, y puede proporcionarles un poderoso impulso económico, aunque lo cierto es que mucha gente ha perdido sus distintivos francos franceses, marcos alemanes o liras italianas.

CAPÍTULO 7

AMÉRICA DEL NORTE

¿POR QUÉ AMÉRICA NO SE LLAMA COLUMBIA?

MÁS GRANDE, MÁS ALTO, MÁS PROFUNDO...

Tamaño:

Tercer continente más grande:
24.256.000 km^2

Montaña más alta:

McKinley (Denali): 6.194 m

Punto más bajo:

Valle de la Muerte: 86 m
debajo del nivel del mar

Lago más grande

Lago Superior: 82.100 km^2

Río más grande:

Mississippi-Missouri: 5.971 km

Isla más grande

Groenlandia: 2.175.600 km^2

¿Qué disminuye a medida que viajas hacia el norte de América del Norte?

La población. En las regiones septentrionales de América del Norte, más próximas al Polo Norte que cualquier otro continente, están escasamente habitadas. La isla norteamericana de Groenlandia, una provincia de Dinamarca, tiene alrededor de 58.000 habitantes, una cifra menor a la de algunas grandes ciudades de Estados Unidos. Canadá es el segundo país más grande del mundo, pero al igual que Rusia, una buena parte de su territorio es una tundra gélida y llana (planicies árticas sin arbolado). El 80% de los canadienses viven en el sur, en un radio de 160 km de la frontera que separa Canadá de Estados Unidos. La mayoría de los habitantes estadounidenses viven en las costas y en los estados del medio oeste, que son los principales productores y exportadores de trigo, maíz, soja y carne de buey.

¿Termina América del Norte en la frontera del sur de Texas?

Hay quien duda de ello. La mayoría de los geógrafos opinan que América del Norte se compone de veintitrés países, desde Canadá y Estados Unidos hasta México, los países de América Central y las islas del Caribe.

¿Qué impresionante cañón talló el río Colorado?

Como un lento pero poderoso taladro, el río talló el Gran Cañón en el sudeste de Estados Unidos. Un cañón suele ser un valle largo y estrecho que se eleva verticalmente en ambos lados. El Gran Cañón tiene 446 km de longitud y en algunos lugares alcanza una profundidad de 1,6 km, aunque dista mucho de ser estrecho: ¡mide entre 1,6 y 29 km de anchura! Este colosal cañón resulta incluso más asombroso cuando se considera que todo su espacio estuvo en su día relleno de roca. Poco a poco, en el transcurso de millones de años, el caudaloso Colorado ha desgastado el altiplano de su mismo nombre. Dado que el proceso de erosión se inició hace muchísimo tiempo, cuando lo visitas tienes la sensación de estar caminando a través del tiempo; los estratos de roca envejecen a medida que desciendes. Muchos de los estratos visibles contienen fósiles, o restos de plantas y animales que vivieron hace quinientos millones de años.

¿Dónde tuvo lugar *El mago de Oz*?

En Kansas, justo en medio del «valle de los tornados» en Estados Unidos. Nueve de cada diez tornados se producen en este país, y aunque pueden desencadenarse en cualquier región, casi siempre azotan los estados situados en la sección media y llana del país, desde Texas hasta Iowa, ocasionando intensas tormentas eléctricas y sus violentos «descendientes», los tornados. El Servicio Meteorológico Nacional de Estados Unidos asegura que cada año perecen alrededor de setenta personas a causa de los aproximadamente ochocientos tornados que asolan esta nación.

¿De dónde procede el término «huracán»?

Del Caribe, y por una buena razón: en el mar del Caribe se forman más huracanes que en cualquier otra región del Atlántico. «Hurakan» era el nombre de un dios maya del cielo. Los nativos caribeños lo eligieron para designar las violentas tormentas que descendían de las alturas.

Por término medio, cinco huracanes barren el Caribe anualmente. Quince de los veinte huracanes atlánticos más peligrosos de la historia azotaron las islas y América Central, incluyendo el Mitch, que asoló Honduras en 1998 y provocó la muerte de más de nueve mil personas; el Flora, en el que perecieron alrededor de ocho mil ciudadanos en Haití y Cuba en 1962; y el monstruo anónimo de 1930, que causó la muerte de casi ocho mil personas en la República Dominicana.

Por qué la mayoría de los lagos de América del Norte se hallan en la parte septentrional del continente?

Para responder a esta pregunta tendremos que retroceder en el tiempo. Por cierto, coge tu abrigo más caliente, pues nos remontaremos alrededor de quince mil años hasta la Edad de Hielo. América del Norte tenía un aspecto completamente diferente al actual. Más de la mitad del continente estaba cubierto de ingentes placas de hielo y nieve (glaciares). Los glaciares se formaban en Canadá y se desplazaban a lo largo de todo el continente, erosionando y remodelando todo el terreno a su paso. Fue así como se crearon los valles que más tarde se convertirían en el cauce del río Colorado, Missouri y Mississippi. Al fundirse, los glaciares dejaban sus marcas de identidad, grandes hoyos en los que hoy en día se extienden algunos de los lagos más grandes del mundo. Los mayores son los cinco Grandes Lagos, que forman una parte de la frontera entre Canadá y Estados Unidos.

¿Dónde se hallaba la isla de Hawai hace un millón de años

Era puro magma, es decir, roca parcialmente fundida debajo de la superficie de la Tierra. Esto es debido a que las islas hawaiianas están situadas sobre volcanes submarinos.

Para recordar los nombres de los Grandes Lagos: Hurón, Ontario, Michigan, Erie y Superior, basta memorizar el término inglés «HOMES», que significa «casas», u ordenarlos por su tamaño, en cuyo caso el término sería «SHMEO», ¡que no significa absolutamente nada!

Según un mito hawaiano, la diosa del fuego, Pelé, vive en el cráter del monte Kilauea, y cuando el volcán entra en erupción es porque se ha enojado.

Un volcán es una abertura en la corteza terrestre que se forma cuando erupciona la lava, los gases y las rocas desde las profundidades del planeta. Cuando la roca se enfría y se endurece con el tiempo, se forma una montaña.

Es probable que las islas del Pacífico que integran el estado de Hawai se formaran al abrirse diversos volcanes sobre un punto caliente, un lugar en el que el magma puede brotar a través de una de las placas tectónicas. En el caso de las islas Hawai, la placa del Pacífico se desplaza lentamente hacia el noroeste sobre un punto caliente de este tipo, y de vez en cuando el magma erupciona a través de la placa como si se tratara de un cuchillo incandescente, dando lugar a otro volcán y a otra isla. En las islas más jóvenes, como la gran isla de Hawai, la lava continúa fluyendo desde las cumbres volcánicas, lo cual supone un peligro ocasional para los residentes y una panorámica maravillosa para los turistas.

¿Qué ocurre con Alaska y Hawai cuando se representan cartográficamente?

Que se recortan y encogen. Cuando los cartógrafos intentan representar todos los cincuenta estados de Estados Unidos en una sola página, a menudo se ven obligados a encoger el tamaño de Alaska en comparación con el de otros estados para que pueda caber. En realidad, Alaska es el estado más grande del país, concretamente el doble que Texas, y tanto Alaska como Hawai disponen de largas cadenas de islas que a menudo deben recortarse en los mapas. La península de Alaska, sita en el estado de su mismo nombre, y las islas Aleutianas se extienden a lo largo de miles de kilómetros hasta Rusia. Hawai está formada por ocho islas de grandes dimensiones y más de un centenar de islas más pequeñas dispersas por el Pacífico, las cuales, con frecuencia, no suelen figurar en los mapas de Estados Unidos.

¿Fue Cristóbal Colón el primer explorador que descubrió las Américas?

Ni muchísimo menos. Los auténticos primeros «exploradores» de las Américas fueron los antepasados de los indios americanos, que debieron de llegar procedentes de Asia hace entre trece mil y veinte mil años. Y pudieron hacerlo porque en aquella época tan remota, Asia y Alaska estaban unidas por un «puente de tierra» que ahora está sumergido bajo las aguas. Desde entonces, la Tierra se ha calentado, y el hielo que solía formar parte de los polos norte y sur se ha fundido, elevando el nivel de los océanos. Incluso hoy, América y Asia distan apenas 84 km en las inmediaciones del polo norte.

Aunque nadie sabe a ciencia cierta cuándo llegaron los primeros humanos a las Américas, está demostrado que vivieron allí alrededor del año 11.000 a.C. De manera que Colón no «descubrió» el Nuevo Mundo. (¡En realidad, es bastante difícil que alguien descubra un nuevo lugar cuando sus pobladores han habitado en él durante miles y miles de años!). Colón se limitó a pisar unas tierras cuya existencia resultaba desconocida para los europeos, y si bien es cierto que don Cristóbal insistía en haber desembarcado en las Indias –de ahí el nombre de «indios»–, otros europeos no tardaron en comprobar que el mundo era considerablemente más grande de lo que habían imaginado.

¿Fue Cristóbal Colón el primer navegante que llegó a las Américas?

No, ni siquiera eso. El vikingo Eric el Rojo se le adelantó la friolera de quinientos años. Antes de fundar el equipo de fútbol de Minnesota, los vikingos eran consumados constructores de barcos escandinavos que surcaron, comerciaron y colonizaron innumerables territorios desde Europa occidental, Rusia y América del Norte. Aunque algunos vikingos robaron un sinfín de tesoros y capturaron a miles de esclavos, considerados globalmente, no merecen su mala reputación como brutales carniceros tocados con un casco de dos cuernos. (¡Atención, en realidad los vikingos llevaban casco, pero sin cuernos!). En su mayoría, simplemente andaban en busca de nuevos mercados comerciales y tierras de cultivo.

A pesar de todo, éste no fue el objetivo del viejo Eric el Rojo, que se vio obligado a partir de Escandinavia tras haber sido condenado por genocida y consiguientemente desterrado. Fue así como Eric puso rumbo al oeste, desembarcando en Groenlandia en el año 983 y fundando allí una pequeña colonia. Alrededor del año 1000, su hijo Leif Ericsson navegó incluso más lejos hacia el oeste hasta la actual Canadá. Leif y sus hombres pasaron el invierno en aquel lugar y luego regresaron a Groenlandia.

En consecuencia, ¿por qué oímos hablar más de Colón que de los vikingos? Porque a diferencia de éstos, los europeos se establecieron en las Américas. Después de algunos años, los vikingos hicieron su equipaje y regresaron a casa. Su larga visita no tuvo el menor impacto en América del Norte o Europa.

¿Es muy verde Groenlandia?

No mucho –en las lenguas escandinavas, «groen» significa «verde»–.El 80% de la isla más grande del mundo está cubierta de una gruesa manta de hielo. Pero Eric el Rojo, que la bautizó, sabía que serían muy pocos los colonizadores que acudirían a un emplazamiento denominado «Grislandia». Así fue como nació Groenlandia, y tal vez la mayor broma del mundo.

¿Por qué se celebra el Día de Colón en Estados Unidos?

¡Para que los niños puedan disfrutar de un día festivo sin escuela! Pero en realidad, si Colón no descubrió América, ¿qué fue lo que hizo?

Colón inició una importante migración, o movimiento de gente de un lugar a otro. Consiguió reunir a pueblos que habían permanecido separados durante un mínimo de diez mil años. En lo que se conoce como «intercambio de Colón», personas de todo el mundo compartieron ideas, alimentos, cosechas, animales, lenguas, culturas y religiones. Sin este intercambio, en las Américas nunca hubiera habido caballos, ovejas, cerdos, trigo, azúcar y cítricos. Por su parte, en Europa no habría patatas, piñas, cacahuetes, chocolate y vainilla, maíz, pavos, tomates, caucho y tabaco. Por desgracia para los americanos, los europeos también trajeron consigo gérmenes. En un período de ciento cincuenta años desde su llegada, el 90% de los indios habían fallecido de enfermedades contra las que no eran inmunes. La mayoría de los supervivientes perdieron su tierra y sus formas de vida tradicionales.

CITAS GEOGRÁFICAS

«Luego, llegaron nadando hasta los botes de nuestras embarcaciones cargados de loros, hilo de algodón en ovillos y arpones, así como también otras muchas cosas que cambiaron por otras que les ofrecimos, como cuentas de cristal y pequeñas campanas. Finalmente, aceptaron todo lo que les dimos y nos entregaron todo lo que tenían con buena voluntad. Pero creo que era un pueblo muy pobre...»

«Si eso complace a nuestro Señor, me llevaré a seis de ellos para su Alteza cuando regrese. Pueden aprender a hablar nuestra lengua. Esta gente desconoce completamente las armas, como bien podrá comprobar su Alteza con los siete que he traído. Con cincuenta hombres es más que suficiente para tenerlos bajo control y hacer cuanto deseéis.»

—Cristóbal Colón, escribiendo en su diario acerca de los indios que encontró

¿Por qué América no se llama Columbia?

Por culpa de un cartógrafo. En 1507, Martin Waldseemüller bautizó el continente sudamericano en honor del navegante italiano Americo Vespucio, que viajó al Nuevo Mundo en 1499 y 1501. A diferencia de Colón, Vespucio era perfectamente consciente de que había llegado a un Nuevo Mundo que nada tenía que ver con Asia. Muchos europeos leyeron las cartas de Vespucio, popularizando sus viajes mucho más que los de Colón. Aunque más tarde Waldseemüller borró del mapa el nombre de «América», fue demasiado tarde. Dicho nombre perduró y también se asoció al continente norteamericano.`

Si América del Norte se hubiese parecido más a África, la historia podría haber sido muy diferente. A diferencia de África, es ideal para la navegación. Su larga línea costera y sus innumerables bahías, ríos y lagos facilitaron los viajes y la exploración del continente.

¿Eran inmigrantes o emigrantes quienes llegaron a América del Norte para colonizarla?

Ambas cosas (¡un asunto complicado!). El inmigrante es quien llega a un nuevo país, mientras que el emigrante es que se marcha de un país para establecerse en otro. Así pues, dado que hay que proceder de algún lugar, para ser un inmigrante primero hay que ser un emigrante.

Los criollos de Louisiana son buenos ejemplos de la mezcla de culturas americanas. Son descendientes de exploradores franceses y españoles que se casaron con nativos o afroamericanos. Los criollos han desarrollado su propia lengua y son famosos por el uso de las especias como condimento culinario.

América del Norte es eminentemente un continente de inmigrantes. Allá por la década de 1600, los ingleses, franceses y españoles habían empezado a dividir América en colonias. Muchos colonos, primero europeos y luego de todo el mundo, llegaron a aquellas tierras en busca de aventura, de la libertad de los espacios abiertos o de la oportunidad de vivir mejor. Otros, como la mayoría de los africanos, llegaron en contra de su voluntad. Con los años, Estados Unidos ha llegado a ser conocido como «encrucijada cultural». Sus inmigrantes, que a su vez eran emigrantes de Inglaterra, Alemania, Italia, Irlanda, Rusia, África, México, sudeste asiático, América Central y otras muchas partes del mundo, han creado una mezcla única de culturas, lenguas, religiones y costumbres.

Los cajunes de Louisiana forman un grupo que no se ha mezclado con la población indígena. Son los descendientes de colonos franceses que se fueron expulsados por los británicos de la región Acadia de Canadá en la década de 1750, conservando una cultura separada de los demás nativos de Louisiana.

¿Qué tipo de paso necesitaron los pioneros americanos?

¡No, no se trata de un paso de baile! En realidad, necesitaron un paso montañoso, un desfiladero en una cadena de montañas. En la década de 1740, quienes se habían establecido en las colonias americanas se estaban quedando sin tierras. Se habían desplazado hacia el oeste del continente, pero se toparon con los montes Apalaches, una cordillera excesivamente accidentada como para atravesarla, sobre todo con carromatos y demás pertenencias. Hasta 1785 no parecía haber forma humana de llegar hasta la otra vertiente. Fue entonces cuando Daniel Boone abrió la Ruta Salvaje a través del Desfiladero de Cumberland, cerca de la confluencia de Virginia, Kentucky y Tennessee. Con esta frontera abierta, los colonos pudieron seguir avanzando más y más hacia el oeste, cruzando el río Mississippi, las Grandes Llanuras, las montañas Rocosas y otros obstáculos naturales, hasta llegar al océano Pacífico a lo largo de Oregón, California y Santa Fe en la década de 1840.

CITAS GEOGRÁFICAS

«Ahora no tenemos nada de comer exceptuando las pieles de animales con las que hemos construido los techos y que conservamos cuando matábamos el ganado. Tuvimos que elegir entre morir de hambre o congelarnos bajo una gruesa capa de nieve. Elegimos comer. Las pieles de animales, cuando se hierven en agua, se ablandan un poco, y el agua adquiere una consistencia espesa parecida a la cola. Era la mezcla más repugnante que uno se pueda imaginar.»

–Virginia Reed, escribiendo sobre un viaje que realizó a California cuando sólo tenía doce años. Viajando por el Desfiladero de California en 1884, un grupo de colonos que más tarde serían conocidos como Partida de Donner se vio sorprendido por un tempranero invierno con constantes ventiscas. El paso que habían planificado para atravesar la cordillera de Sierra Nevada estaba obturado por la nieve. Hambrientos, la Partida de aventureros se alimentaba de huesos y pieles de animales, ramas e incluso de sus propios zapatos. Al final, a medida que iban muriendo, los supervivientes se alimentaron de los cuerpos de sus camaradas para mantenerse vivos. Fueron pocos los que consiguieron escalar la montaña para buscar ayuda. Cuando llegó el equipo de rescate, sólo quedaban cuarenta y cinco supervivientes de un total de ochenta y nueve.

TEST

Rellena el espacio en blanco: en California se pueden encontrar lo _____ de la Tierra.

a) más grande

b) más alto

c) más glamuroso

d) todo lo anterior

La respuesta correcta es la «d» (a decir verdad, hay quien se inclina por la «c», ya que California es la capital cinematográfica del mundo. Las cosas más altas de la Tierra son los árboles. El más antiguo es el pino. Algunos pinos tienen más de cuatro mil años, es decir, tan antiguos como las pirámides de Egipto. Lo más alto de California son las secuoyas, que a menudo miden más de 91 m de altura. ¡Son tan altas como la longitud de un campo de fútbol! El Mendocino Tree, en el norte de California, es el más alto de todos, con una altura de 112 m.

¿Cuál es la frontera sin controles más larga del mundo?

La que separa Estados Unidos de Canadá, que discurre a lo largo de más de 8.000 km con sólo algún que otro control ocasional en las carreteras principales. El resto es de libre circulación, sin vallas ni vigilancia alguna. El hecho de que nadie vigile esta frontera demuestra la naturaleza amistosa de las relaciones que mantienen Canadá y Estados Unidos. El comercio entre los dos países es especialmente significativo. Alrededor del 20% de las exportaciones estadounidenses se dirigen a Canadá, y aproximadamente el mismo porcentaje circula de Canadá a Estados Unidos. Asimismo, el número de turistas que cruzan la frontera de un país a otro también es más o menos el mismo.

Huelo mal, soy muy sucia y Estados Unidos produce más que cualquier otro país. ¿Quién soy? La basura. En este país se concentra sólo el 5% de la población mundial, pero genera más basura que cualquier otro: ¡más de 200 millones de toneladas cada año). Asimismo, consume un asombroso 45% de la energía mundial.

CITAS GEOGRÁFICAS

«Dormir a tu lado es en cierto modo como dormir con un elefante. Independiente de cuán amistoso y simpático sea el animal, te ves inexorablemente afectado por cada movimiento y cada gruñido.»

–Pierre Trudeau, ex primer ministro canadiense, escribiendo sobre las relaciones entre Estados Unidos y Canadá

En Canadá, ¿dónde podrías sentirte como si estuvieras en Francia?

En la provincia de Quebec. De las diez provincias de Canadá, que son divisiones políticas al igual que los estados americanos, Quebec es la menos parecida a las demás. Esto es debido a que fue una colonia francesa, mientras que la mayor parte del resto del país estuvo bajo el gobierno británico. Los franceses perdieron sus territorios canadienses a favor de los británicos en 1763, pero los descendientes de los franceses permanecieron allí.

Uno de los principales retos de Canadá ha sido el de conseguir que los descendientes de franceses e ingleses convivan en paz. En la actualidad existen pequeños grupos de francoparlantes en casi todas las provincias, y tanto el francés como el inglés son lenguas nacionales oficiales. Pero en Quebec, más del 80% de la población habla francés, la única lengua oficial en aquella provincia. Algunos residentes quebequeses desean convertirse en un país independiente para conservar la cultura francesa. Esto es algo que tal vez pueda suceder en el futuro. En una votación realizada en 1995, los ciudadanos rechazaron la separación por un estrecho margen: 51,6% frente a 49,4%.

Si pasas las vacaciones en el Caribe, ¿estás aún en Estados Unidos?

Desde luego que sí. Aunque son pocos los que lo advierten, los paraísos vacacionales de Jamaica, islas Vírgenes, Puerto Rico y otras islas caribeñas están considerados parte de Estados Unidos. Estas islas, que forman una curva desde el golfo de México hacia América del Sur, fueron precisamente donde desembarcó Cristóbal Colón por primera vez en las Américas, y aunque llegó hasta América del Sur y América Central, nunca consiguió pisar América del Norte.

Tras la llegada de Colón, los españoles, franceses, holandeses, ingleses y otros europeos empezaron a colonizar el Caribe. Los españoles intentaron esclavizar a los nativos, un proceso durante el cual murieron muchos de ellos. Fue así como los europeos prefirieron traer esclavos de África occidental para trabajar en sus plantaciones. Al abolirse la esclavitud en el siglo XIX, la búsqueda de mano de obra se orientó hacia China e India. A la mezcla única de culturas que existe en estas islas se han sumado inmigrantes de Líbano, Siria, Portugal y otros lugares, que han llegado más recientemente.

A causa de su historia como colonias europeas, la mayoría de los países caribeños son relativamente pobres. Una de las industrias más importantes es el turismo. Los visitantes extranjeros acuden en bandadas para disfrutar de la calidad y belleza de las islas, creando puestos de trabajo y fomentando la conservación del frágil entorno, que incluye magníficas selvas pluviales.

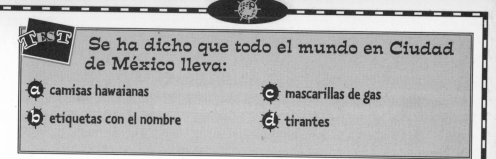

TEST

Se ha dicho que todo el mundo en Ciudad de México lleva:

a camisas hawaianas

c mascarillas de gas

b etiquetas con el nombre

d tirantes

Por desgracia, la respuesta correcta es la «c». Las camisas hawaianas resultarían mucho más divertidas, pero lo que realmente utilizan los habitantes de la capital mexicana son las mascarillas de gas. Ciudad de México, una de las ciudades más grandes del mundo, está cubierta de una nube amarronada de contaminación producida por los automóviles y las fábricas extremadamente insalubre.

Pero ésta no es la única razón por la que Ciudad de México es una pesadilla urbana. Su población de 18 millones de habitantes está creciendo y ya es materialmente imposible encontrar viviendas, empleos, transporte y alimentos para todos. El agua hay que traerla desde centenares de kilómetros de distancia, pero los desperdicios y las aguas residuales también la contaminan. Todos estos problemas empeoran aún más si cabe por el hecho de que esta parte de México es uno de los peores lugares del mundo para construir una ciudad. Dispone de muy poco agua potable, y además, se levanta sobre un lago relleno de tierra, es decir, un suelo escasamente sólido para un emplazamiento tan próximo al Cinturón de Fuego y que está sometido a innumerables y violentos terremotos.

¿Quién eligió un emplazamiento tan desacertado para construir la Ciudad de México?

Los aztecas, un pueblo rico, avanzado y religioso que floreció en México entre los siglos XIV a XVI. Según cuenta la leyenda, los aztecas eligieron el emplazamiento de su capital obedeciendo un mensaje de uno de sus dioses: «Construid la sede de vuestro imperio donde encontréis un águila posada sobre un cactus que devora una serpiente». Fue así como los aztecas construyeron la enorme ciudad de Tenochtitlán («lugar del cactus») en una isla situada en medio del lago, con canales y puentes que la unían a la tierra del entorno. En el centro sagrado de la metrópoli, donde realizaban los sacrificios religiosos, erigieron colosales pirámides. Muchos de aquellos sacrificios, miles cada año, eran humanos. Los guerreros aztecas invadieron a numerosas tribus vecinas para reaprovisionar sus «provisiones» de hombres con el fin de ofrecerlos a sus dioses.

Curiosamente, las pirámides aztecas y la gran ciudad se construyeron sin la ayuda de animales, herramientas de metal o de la rueda. ¿Cómo? Nunca lo sabremos. En 1521, la ciudad fue tomada y casi destruida por el conquistador español Hernán Cortés. En sus batallas contra los aztecas y otros pueblos nativos, los caballos y armas españolas fueron prácticamente innecesarios. El virus de la viruela que, sin saberlo, trajeron consigo resultó ser muchísimo más letal. En efecto, a causa de aquella enfermedad pereció el 90% de la población nativa, y con ella, sus conocimientos, tradiciones y su extraordinaria ciudad. Más tarde, los españoles levantaron su propia capital, Ciudad de México, sobre las ruinas de Tenochtitlán.

CAPÍTULO 8

AMÉRICA DEL SUR

¿POR QUÉ CHILE TIENE FORMA DE «CHILE»?

MÁS GRANDE, MÁS ALTO, MÁS PROFUNDO...

Tamaño:

Cuarto continente más grande:
17.819.000 km^2

Montaña más alta:

Aconcagua: 6.960 m

Punto más bajo:

Península de Valdés: 40 m
debajo del nivel del mar

Lago más grande

Titicaca: 8.287 km^2

Catarata más grande:

Cataratas del Ángel: 979 m

¿Son dos continentes diferentes América del Norte y América del Sur?

Al igual que Europa y Asia, América del Norte y América del Sur son técnicamente una masa de tierra conectada por el istmo de América Central. Un istmo es una franja estrecha de tierra que une dos grandes masas de tierra. Pero tal y como sucede con Europa y Asia, la historia de las Américas nos induce a pensar en ellas por separado. Cuando los europeos llegaron a las Américas, Canadá y Estados Unidos estaban controlados casi por completo por los británicos, mientras que España ejercía su dominio sobre la casi totalidad del territorio situado al sur de México, incluyendo doce países de América del Sur. El duodécimo, Brasil, fue colonizado por Portugal.

¿Dónde está América del Sur?

¡Al este de América del Norte! En realidad, también forma el sur de aquel continente, pero casi toda América del Sur está situada al este de Florida.

¿Se habla el latín en Latinoamérica?

A decir verdad, sólo lo hablan los pocos que lo aprenden en la escuela. A menudo, Latinoamérica se utiliza como sinónimo para designar América Central y América del Sur. Esto significa que la mayoría de los colonos en estas regiones hablan lenguas, como el castellano y el portugués, que proceden del latín, la lengua de la antigua Roma. Sin embargo, entre los habitantes de América del Sur, al igual que sucede en América del Norte, se incluyen muchos indios americanos, africanos y colonos procedentes de diversos países europeos, de manera que el término «Latinoamérica» no deja de ser un tanto confuso.

¿Se sintieron satisfechos los europeos por el hecho de haber descubierto las Américas?

Al principio no. Lo que pretendían era llegar a Asia. Cuando se dieron cuenta de que en realidad Colón no había desembarcado en Asia, América del Norte y América del Sur se convirtieron de inmediato en la mayor barrera infranqueable del mundo. Los navegantes intentaron encontrar una vía de agua hacia el Pacífico y en 1520 lo consiguieron, cuando el portugués Fernando de Magallanes pasó a través de un estrecho canal marítimo (conocido actualmente como estrecho de Magallanes) en la punta meridional de América del Sur y continuó su viaje por el Pacífico. Magallanes murió durante la travesía, pero su tripulación siguió adelante y llegó hasta España. Aunque Magallanes no logró completar el viaje, suele estar considerado como el primer navegante que consiguió dar la vuelta al mundo, si bien es cierto que el primer explorador que realmente logró completarla fue el almirante inglés sir Francis Drake en 1580.

¿Por qué es tan fría la Tierra de Fuego?

La Tierra de Fuego es un archipiélago de islas ventosas, gélidas y húmedas situado en el extremo meridional de América del Sur. Se llama así porque el explorador Magallanes divisó una infinidad de hogueras encendidas por los indios a lo largo de la costa mientras navegaba. En realidad, esta fría región apenas dista 1.127 km de la Antártida. ¡O sea, que de «fuego» nada!

¿Por qué son tantos los sudamericanos que viven en la costa?

En el interior de América del Sur abundan las selvas tropicales e innumerables montañas de considerable altura que hacen muy difícil la vida o la agricultura. De ahí que la mayoría de sus pobladores se hayan instalado a lo largo de la costa, accesible al resto del mundo. No obstante, algunos viven en las pampas, es decir, las praderas llanas en las que pastan las reses y trabajan los gauchos, vaqueros sudamericanos que al igual que los de América del Norte siguen la tradición de ser independientes. ¡Suelen montar a caballo a pelo, sujetando las riendas con los dedos de los pies!

América del Sur rebosa recursos naturales (oro, esmeraldas, carbón, petróleo, azúcar, café y cacao), pero aun así, una buena parte de los habitantes del continente son pobres, pues en muchos países la mayor parte de la tierra y de los recursos son propiedad de unos pocos.

¿El Amazonas es un río o un océano?

Un río, aunque en un algunos lugares parece un verdadero océano –el delta se extiende a lo largo de 320 km–. Es lo bastante ancho como para contener la isla de Marajó, de un tamaño aproximado a Dinamarca. El poderoso Amazonas es el río más grande del mundo. Es más caudaloso que el Nilo, el Mississippi y el Chiang Jian (Yangtzé) juntos. El Amazonas fluye a lo largo de casi toda América del Sur, desde las montañas de Perú hasta las selvas pluviales de Brasil. Aunque no es tan largo como el Nilo, su cauce tiene una longitud mayor que la autopista que une las ciudades de San Francisco y Nueva York.

TEST — El nombre del río Amazonas procede de un grupo de legendarios

a) guerreros griegos

c) embarcaciones fluviales griegas

b) compañías griegas de Internet

d) diosas griegas del agua

La respuesta correcta es la «a». En efecto, el río Amazonas debe su nombre a las amazonas, mujeres guerreras de la mitología griega. Según la leyenda, estas feroces mujeres, que lucharon en la guerra de Troya, vivían en su propia ciudad, en la que estaba prohibida la entrada a los hombres, exceptuando un día festivo que se celebraba una vez al año. Las amazonas se quedaban con las niñas, mientras que daban muerte a los varones.

Así pues, ¿qué relación guardan estas míticas mujeres griegas con América del Sur? El primer europeo que exploró el río Amazonas, el español Francisco de Orellana, aseguró que sus hombres habían sido atacados por un grupo de guerreras robustas y de elevada estatura que usaban arcos y flechas. ¿Qué podían ser si no amazonas?, pensó. Aunque ninguna otra expedición informó acerca de aquellas féminas luchadoras, perduró el nombre con el que Orellana bautizó al río: Amazonas.

¿Qué parte de América del Sur se podría denominar el baño de vapor más grande del mundo?

La mitad que está cubierta por la selva tropical amazónica, la selva pluvial más grande del mundo. Llueve casi cada tarde, creando un clima cálido y húmedo durante todo el año. Toda esta lluvia hace que la selva se haya convertido en una auténtica explosión de verde. El musgo alfombra el suelo y los árboles, y las exuberantes lianas trepan alrededor de los troncos de los árboles, que a menudo alcanzan 30 m de altura. La vegetación es tan densa que resulta difícil avistar todas las especies de animales que viven allí. El mejor lugar para encontrarlas es en la cúpula forestal, el paraguas formado por las copas de los árboles.

Las selvas tropicales, que forman una especie de cinturón alrededor del ecuador, constituyen el hogar de más especies de plantas y animales que cualquier otra región de la Tierra. Por desgracia, el cinturón pluvial se está reduciendo día a día a causa de la tala de árboles para la comercialización de madera o para crear tierras de cultivo. Ni que decir tiene que toda esta destrucción es nefasta para las selvas, pero también lo es para el ser humano, ya que éstas suministran una ingente cantidad del oxígeno que necesitamos para respirar. Asimismo, la vegetación de la selva pluvial proporciona entre un 25% y un 40% de las medicinas. Tantas han sido las plantas que se han destruido antes de que las descubrieran los científicos que hemos desaprovechado toda clase de maravillosos fármacos sin ni siquiera saberlo.

¿En qué se parece una selva tropical a un equipo de baloncesto?

Al igual que en un equipo de baloncesto todos colaboran para ganar el partido, todos los seres vivos y no vivos de una selva tropical trabajan juntos. Esta cooperación se denomina «ecosistema». El ecosistema de una selva pluvial incluye plantas, insectos, aves, otros animales, el suelo, el clima y el agua. Las diferentes especies en las selvas tropicales componen uno de los ecosistemas más complejos del mundo.

Cada jugador en un equipo y cada especie zoológica o botánica en una selva pluvial constituye un eslabón de una cadena. Si un miembro de un equipo juega mal, o si una especie se extingue, todos resultan afectados.

¿Quién vive en la cordillera de los Andes?

Sólo los andinos viven en los Andes. A decir verdad, son muy pocas las personas que pueblan la cordillera de los Andes, la cadena montañosa más larga y la segunda más alta del planeta. Es extremadamente duro desenvolverse en estas jóvenes y accidentadas montañas, y los picos son tan altos que la mayoría de ellos son demasiado fríos para la práctica de la agricultura. Eso sin mencionar el hecho de que muchas de las montañas son volcanes que siguen activos. Los escasos habitantes de los Andes se dedican a la cría de animales, tales como las ovejas y las llamas, dotados de unas pezuñas perfectamente adaptadas a las irregularidades del terreno.

Se puede encontrar nieve a 48 km escasos de la extremadamente soleada línea del ecuador, en la cumbre del humeante monte volcánico Cotopaxi, en Ecuador. Incluso en las inmediaciones del ecuador, los emplazamientos situados a una considerable altura son más fríos. También cerca de la línea del ecuador, en los Andes, el monte Chimborazo está cubierto de nieves perpetuas. El frío es tan intenso que se puede morir congelado.

¿Por qué Chile tiene forma de «chile»?

Chile se extiende a lo largo de una estrecha franja de terreno en forma de pimiento chile en la costa occidental de América del Sur. Esto es debido a que los Andes discurren a lo largo de la vertiente oriental del país, creando una frontera natural. Pero el pimiento en cuestión no es precisamente de donde deriva el nombre del país. «Chile» procede de un término que significa «donde termina la tierra».

En realidad, los Andes se extienden de norte a sur de América del Sur, desde el mar Caribe en el norte hasta el cabo de Hornos en el sur. ¡Con más de 8.000 km de longitud, cubrirían la distancia que media desde la costa oeste (Pacífico) hasta la costa este (Atlántico) de América del Norte! Ésta es la razón por la que ningún país sudamericano se extiende de este a oeste del continente.

Ser largo y estrecho no es una forma excesivamente fácil para un país. Las naciones que tienen formas extrañas son más difíciles de organizar, conectar y defender de los potenciales invasores. Así pues, si estás pensando en convertirte en un líder de un país, elige uno que tenga una forma compacta y redondeada.

¿Cómo vivían los incas en los Andes?

El desierto de Atacama, en Chile, es el lugar más seco del planeta. En algunas áreas, jamás se han registrado lluvias. Al igual que el Himalaya, los Andes actúan a modo de barrera para las precipitaciones.

Utilizaban las hierbas y los arbustos montañosos para construir robustos puentes voladizos de cuerda. Los incas eran una extraordinaria civilización de maestros arquitectos y granjeros que floreció en los altiplanos de los Andes alrededor del siglo XIII. Construyeron innumerables estructuras y templos con enormes piedras que encajaban perfectamente, sin cemento ni otra clase de mortero. Crearon tierras de cultivo en forma de terrazas en las vertientes montañosas para evitar que el suelo y las cosechas se deslizaran montaña abajo. Uno de los mayores logros de los incas fue el Machu Picchu, una ciudad sagrada y amurallada situada a una considerable altura, entre dos picos en los que la cordillera andina cae verticalmente por los cuatro costados. El Machu Picchu se construyó en varios niveles, con empinadas escaleras que conducían hasta los santuarios y templos. Cuando los conquistadores españoles llegaron y destruyeron la civilización inca en la década de 1530, no consiguieron descubrir la ciudad a causa de su remoto emplazamiento, y permaneció oculta hasta que un americano dio con ella en 1911. La metrópoli daba la sensación de haber sido abandonada antes de la llegada de los españoles, aunque nadie sabe por qué.

¿Existió El Dorado?

Los conquistadores españoles estaban convencidos de ello. Después del desembarco de Colón en las Américas, los españoles empezaron a invadir cuantas tierras encontraron en América del Sur en busca de riquezas. Se suponía que el reino de El Dorado debía de ser el mayor de los tesoros. Según la leyenda, El Dorado era el Hombre de oro, el gobernador de una tierra de oro cuya riqueza era muchísimo mayor a la de cualquier otro reino en el mundo.

Es probable que la historia de este reino procediera de la costumbre de una de las tribus sudamericanas que honraban a sus nuevos jefes cubriéndolos con polvo de oro. El jefe se bañaba en oro en un lago sagrado, mientras su pueblo le arrojaba esmeraldas y más oro. Aunque esta costumbre desapareció mucho antes de la llegada de los españoles, la fantástica historia perduró en el tiempo.

Los españoles nunca consiguieron encontrar tan fabuloso reino, pero la idea de que podría existir en el lugar menos pensado fue una de las razones por las que exploraron y se apoderaron de la tierra de los nativos.

TEST

¿Qué país se opuso al dominio español y se independizó a principios del siglo XIX?

- **a** Venezuela
- **b** Colombia
- **c** Ecuador
- **d** Perú
- **e** Bolivia
- **f** Chile
- **g** Paraguay
- **h** Argentina
- **i** Uruguay
- **j** todos los anteriores

La respuesta correcta es la «j». Después de trescientos años de colonización española, todos estos países estaban cansados de que les expoliaran sus riquezas. Entre 1810 y 1840 se independizaron. Brasil se independizó de Portugal un poco más tarde, en 1889. Sin embargo, aunque en la actualidad todas estas naciones tienen un gobierno propio, las ex colonias han conservado las lenguas y muchas de los usos y costumbres de sus antiguos colonizadores.

«Movidos por vuestros infortunios, hemos sido incapaces de observar con indeferencia las aflicciones que fuisteis obligados a experimentar a causa de los bárbaros españoles, que os han hecho cautivos y os han robado, y que han traído consigo la muerte y la destrucción. Han violado los sagrados derechos de las naciones y han infringido los más solemnes acuerdos y tratados. En realidad, han cometido toda clase de crímenes, reduciendo la República de Venezuela a la más terrible desolación. De ahí que la justicia exija venganza y la necesidad nos obligue a ejercerla. Dejad que los monstruos que infestan el suelo colombiano, que lo han bañado de sangre, sean expulsados para siempre...»

–Simón Bolívar en una proclama al pueblo de Venezuela en 1813. Bolívar capitaneó las guerras de independencia en muchas de las ciudades de América del Sur. Bolivia debe precisamente su nombre a su liberador.

¿Cuál es la mejor forma de contemplar las cataratas más altas del mundo?

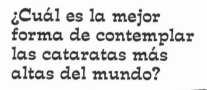

Desde el aire. Las espectaculares cataratas del Ángel, en Venezuela, discurren entre una selva tropical tan espesa que resulta prácticamente imposible divisarlas a menos que seas un pájaro o un piloto. De hecho, no fueron descubiertas por los extranjeros hasta 1935, cuando el piloto norteamericano Jimmy Angel las sobrevoló ocasionalmente. Las cataratas se precipitan tres veces, totalizando 979 m, es decir, ¡casi once veces la longitud de un campo de fútbol!

¿Cómo podrías acortar la distancia alrededor del mundo en 12.800 km?

Cruzándolo directamente desde América del Norte a América del Sur en lugar de rodearlas, aunque en realidad no siempre ha sido posible. Quienes transportaban mercancías por vía marítima alrededor del mundo estaban hartos de tener que circundar América del Sur, sobre todo teniendo en cuenta lo tormentosas y peligrosas que son las aguas del cabo de Hornos. ¿Existía alguna solución? Sí, construir un canal.

En 1904, Estados Unidos construyó un canal, o vía marítima artificial, a través del istmo de Panamá. Este país tiene una anchura de sólo 50 km en su punto más estrecho, pero aun así, las tareas de dragado bajo el calor tropical y enormes bandadas de mosquitos constituyó todo un desafío. Con todo, para muchos navegantes mereció la pena. Después de once años de trabajo, un viaje del Atlántico al Pacífico que antes duraba cuatro meses quedó reducido a cuarenta y siete días.

¿Qué es Río de Janeiro, un río o un mes?

Ambas cosas y ninguna. Es el nombre de una ciudad brasileña llamada Río de Enero. Según algunos historiadores, los exploradores portugueses desembarcaron en la hermosa bahía de Río a principios de la década de 1500 el 1 de enero, creyendo que la bahía era la desembocadura de un río; de ahí el nombre con el que la bautizaron. A decir verdad, Río de Janeiro no está situada en las inmediaciones de ningún gran río, aunque es un importante puerto, y actualmente una de las ciudades más grandes del mundo.

¿En qué se parecen las ciudades a los imanes?

En que al igual que los imanes, las ciudades ejercen una poderosa fuerza de atracción. A lo largo de todo el último tercio del siglo xx, las metrópolis se han convertido en el destino principal de incontables granjeros en todo el mundo. La población rural acude a las ciudades con la esperanza de encontrar mejores empleos y educación. América del Sur constituye un asombroso ejemplo de lo que estamos diciendo. En efecto, los sudamericanos de las áreas rurales se han desplazado en bandada a urbes tales como Buenos Aires, en Argentina (11.298.000 habitantes), São Paulo, en Brasil (10.018.000 habitantes) y Lima, en Perú (6.321.000 habitantes). A menudo, estos nuevos moradores urbanos han trasladado a la ciudad la pobreza del campo. En el extrarradio de muchas grandes ciudades de América del Sur abundan las chabolas, toscas cabañas en las que se hacinan miles de personas deseosas de gozar por fin de una vida mejor.

CAPÍTULO 9

AUSTRALIA Y NUEVA ZELANDA

¿HAY DIABLOS EN TASMANIA?

MÁS GRANDE, MÁS ALTO, MÁS PROFUNDO...

Tamaño:

Es el continente más pequeño: 7.682.300 km^2

Montaña más alta:

Kosciuszko: 2.228 m

Punto más bajo:

Lago Eyre: 16 m debajo del nivel del mar

Lago más grande

Eyre: 8.884 km^2

Isla más grande:

Tasmania: 68.383 km^2

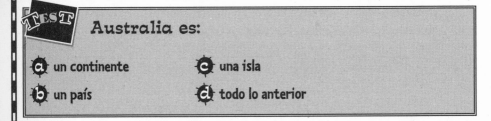

TEST

Australia es:

a un continente

b un país

c una isla

d todo lo anterior

La respuesta correcta es la «d». Australia es el único continente que se compone de un solo país (¡compáralo con los cincuenta y tres de África!) y ésta sólo es una de las razones que hacen tan especial el continente más pequeño del mundo.

Australia es el continente no polar más bajo, más llano y con una población más dispersa del mundo. En ocasiones se conoce como Down Under, lo cual no significa que toda la gente viva debajo de la tierra, sino que se halla completamente al sur del ecuador. Pero lo que quizá hace más interesante el continente australiano es la increíble gama de plantas y animales que no existen en ninguna otra parte de la Tierra.

¿Por qué hay tantos animales curiosos en Australia?

Porque Australia ha estado muy aislada de las restantes masas de tierra del mundo durante los últimos 100 millones de años. Los animales se desarrollaron independientemente de aquellos que viven en otras partes del planeta. En este continente ni siquiera había gatos, conejos o zorros hasta que los europeos los trajeron consigo.

Alrededor de la mitad de los animales nativos australianos son marsupiales, como el canguro. Los marsupiales llevan a sus pequeños en una bolsa hasta que se han desarrollado por completo. Entre algunas de las criaturas más curiosas de Australia se incluye el emú, un ave grande no voladora muy parecida a la avestruz; el ualabí, una versión reducida del canguro; y el wombat, un marsupial que se asemeja a un oso con un hocico muy ancho. Pero el premio al animal más peculiar se lo lleva el ornitorrinco, con pico de pato. En efecto, este peludo animal tiene el pico plano y los pies palmeados de un pato y la cola aplastada de un castor, aunque pone huevos como una tortuga y amamanta a sus pequeñuelos como un mamífero.

Los koalas son los animales nativos más conocidos de Australia. Aunque con frecuencia se denominan osos koala, en realidad no son osos ni resultan tan mimosos como parecen. Estos irritables marsupiales no dudan un instante en arañar y morder si se les provoca.

¿Hay diablos en Tasmania?

No, pero hay «demonios de Tasmania», feroces marsupiales similares a un perro conocidos por sus voces potentes y enojadas, y por su inagotable apetito. Viven únicamente en la isla de Tasmania, situada al sur de Australia, y que constituye uno de los seis estados de Australia.

¿Con qué frecuencia podrías nadar en el lago Eyre?

¡Alrededor de una vez cada diez o veinte años! Durante el tiempo restante, el lago más grande de Australia forma un conjunto de 8.884 km^2 de tierra seca y llana, con un índice anual de evaporación treinta veces superior al índice de pluviosidad anual. En los últimos cien años sólo en cinco ocasiones llovió lo suficiente como para llenar el lago, como en el año 2000, que fue inusualmente húmedo. Casi inmediatamente después de que se llenara, millones de camarones poblaron sus saladas aguas, las ranas en hibernación emergieron para aparearse, floreció una infinidad de flores silvestres y reaparecieron los peces, que sirvieron de alimento a una auténtica invasión de aves marinas.

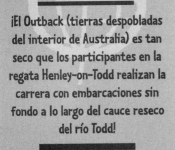

¡El Outback (tierras despobladas del interior de Australia) es tan seco que los participantes en la regata Henley-on-Todd realizan la carrera con embarcaciones sin fondo a lo largo del cauce reseco del río Todd!

¿Qué tienen de extraño los desiertos de Australia?

¡Que son arenosos! Los desiertos arenosos no abundan, pero el continente australiano está repleto de dunas arenosas, colinas arenosas y planicies arenosas... ¡aunque no demasiados castillos de arena! Los desiertos Great Sandy, Great Victorian y Gibson están situados en la parte occidental del continente. El famoso «obelisco» rocoso de Uluru, o Ayer's Rock, se halla en las tierras llanas y cubiertas de maleza de la planicie central. Con 2,4 km de anchura y más de 335 m de altura, Uluru es la roca más grande del mundo. Para los aborígenes, la población nativa de Australia, Uluru es un lugar sagrado, el recuerdo de los espíritus que crearon la Tierra y todas las criaturas vivientes en el Tiempo de los Sueños, es decir, la Creación. Los aborígenes mantienen una relación estrecha y armoniosa con el entorno natural, pues creen que los espíritus, sus antepasados, viven en los árboles, las rocas, los ríos y los animales.

¿Por qué parece Australia un lago invertido?

Porque está seco en el centro, pero no en los bordes. Las regiones centrales del continente están formadas de praderas secas y desiertos. Las escasas personas que viven en esta accidentada tierra, llamada Outback (área despoblada del interior), crían vacas y ovejas en enormes ranchos, tan alejados de la «civilización» que los de la Royal Flying Doctor Service, provistos de aeroplanos, se encargan de prestar los servicios médico-sanitarios.

La mayoría de los australianos residen en las ciudades situadas en el perímetro continental, a orillas del océano, donde el clima es más moderado. Aun así, la población de Australia es inferior al número de bebés que hacen cada año en India.

El mundo de las PALABRAS

El Outback se llama así porque la gente solía decir que quien se atrevía a visitar las regiones centrales del continente había ido o pasado el día en la «parte trasera del país».

¿Qué continente creían los europeos que era Australia?

Aunque no existe registro alguno que lo demuestre, es probable que los asiáticos conocieran la existencia de Australia y que hubieran desembarcado allí antes que los europeos.

Reflexionemos un poco. El nombre de Australia procede del concepto de Ptolomeo de *terra australis incognita*, o lo que es lo mismo, la tierra meridional desconocida. Cuando los navegantes europeos llegaron a Australia por primera vez en 1606, creyeron que se podía tratar de una parte de la legendaria masa de tierra meridional que se suponía que equilibraba el mundo. En 1644, el capitán holandés Abel Tasman navegó alrededor de todo el continente, demostrando que no era así. Tasman perdió a cuatro de sus hombres en un violento encuentro con los aguerridos maoríes de las islas de Nueva Zelanda, lo cual mantuvo alejados a los europeos hasta ciento veinticinco años más tarde, cuando el capitán británico James Cook fue enviado en una misión secreta para determinar de una vez por todas si existía realmente un continente meridional. Al no encontrarlo, se asignó el nombre Australis, que significa «del sur», al continente más meridional conocido en aquella época: Australia.

¿Es cierto que, en su día, Australia fue una prisión descomunal?

Por supuesto que sí. Los primeros colonos europeos, que llegaron a Australia a principios de 1788, eran británicos condenados a presidio. Por desgracia, las cárceles británicas estaban sobresaturadas, y tras haber perdido las rebeldes colonias americanas, no había lugar alguno al que enviar a los criminales, de manera que pensaron: «Por qué no los embarcamos con rumbo a Australia?».

La mayoría de los delincuentes no eran criminales de alto rango. Uno de ellos, por ejemplo, había robado doce plantas de pepino, y un niño de once años había sustraído un ovillo de cinta. En realidad, para estos individuos fuera de la ley fue una suerte ser confinados en Australia en lugar de ir a parar a la cárcel, ¡sobre todo teniendo en cuenta que los convictos rusos eran enviados a Siberia!

¿El bumerán era un arma de caza aborigen?

¡Cierto! Los aborígenes, el único pueblo australiano hasta la llegada de los colonizadores europeos, vivían de la caza y la recolección, y hace miles de años desarrollaron el bumerán como un arma de caza. Los aborígenes tenían dos tipos de bumeranes: el que retornaba hasta las manos del lanzador y el que no retornaba. Los primeros, que eran curvados para que describieran una trayectoria parabólica y poder así recuperarlos en el caso de que el cazador no hubiese dado en el objetivo, se utilizaban en los deportes tradicionales o para cazar aves, mientras que los segundos se usaban en la caza mayor o como arma de ataque contra los enemigos.

Hoy en día, algunos aborígenes siguen apegados a las formas de vida tribales, o por lo menos semitradicionales, mientras que otros trabajan como granjeros y ganaderos (ovejas, reses vacunas, etc.) en el Outback (tierras despobladas del interior). Pero aun así, continúan utilizando el bumerán en competiciones de lanzamiento. Estados Unidos, Canadá y algunos países europeos también compiten en esta disciplina deportiva. ¡Incluso se celebra una Copa del Mundo de Bumerán!

CITAS GEOGRÁFICAS

«Por lo que he dicho de los nativos de Nueva Holanda, a algunos les podrá parecer el pueblo más desdichado de la Tierra, cuando en realidad son mucho más felices que nosotros, los europeos, ya que desconocen completamente no sólo lo superfluo, sino también las comodidades tan soñadas en Europa. Su felicidad reside precisamente en desconocer su uso.»

—James Cook escribiendo sobre los aborígenes al llegar a Australia en 1774, a la que el holandés llamó Nueva Holanda

Cuando un australiano se llama así mismo drongo por haber olvidado poner un langostino en la barbacoa, ¿qué significa? Está usando un término aborigen para decir que es un despistado. La versión australiana de la lengua inglesa ha adoptado muchas palabras aborígenes y ha creado una infinidad de otras nuevas. A los australianos les fascina abreviar las palabras largas y sustituirlas por la terminación «o». Así, *arvo* significa «tarde» (del inglés *afternoon*), y *garbo* es «contenedor de basuras» (del inglés *garbage collector*).

¿Dónde ha nacido uno de cada cinco australianos?

En otro país. Los inmigrantes han estado llegando a este continente desde el desembarco de los primeros prisioneros ingleses. Inglaterra envió a sus convictos hasta 1868, y con ellos acudieron innumerables colonos libres deseosos de escapar de la superpoblada Europa y mejorar su nivel de vida, lo cual resultó particularmente cierto tras haber encontrado oro cerca de Melbourne en 1851.

La mayoría de los inmigrantes son británicos, aunque un buen número de habitantes proceden de otras partes de Europa y de Asia. Muchos de ellos han inmigrado a Australia en busca de trabajo y una vida mejor para sus familias. Algunos de los inmigrantes más recientes llegaron de Vietnam y de Yugoslavia en calidad de refugiados, o son personas que se han marchado de su país para escapar del peligro y la persecución.

¿Quiénes han sido los inmigrantes más rebeldes de Australia?

¿Los convictos? ¡No! Los primeros conejos que trajeron consigo los europeos en 1859. En cincuenta años, estos pequeños y mimosos conejitos se multiplicaron con una asombrosa rapidez a causa de la inexistencia de depredadores, invadieron todo el continente y se comieron los alimentos de los animales nativos. Llegó un momento en que en el país había quinientos millones de conejos, es decir, cincuenta veces su población humana. Estos «simpáticos» animalitos devoraron toda la vegetación, condenando al ganado a la hambruna y convirtiendo las fértiles praderas en desierto. En el siglo XX, los australianos introdujeron deliberadamente una enfermedad mata-conejos, que redujo su población, por lo menos durante un

Los australianos no se ponían de acuerdo en si su capital debía estar en Melbourne o en Sidney, de manera que construyeron una ciudad intermedia, Camberra, que se pronuncia «can-be-ru» y significa «lugar de encuentro».

cierto período de tiempo. En la actualidad, algunos conejos son inmunes a dicha enfermedad, y la población podría crecer de nuevo.

Los australianos han experimentado en su propia carne las desastrosas consecuencias derivadas de la introducción de especies foráneas en un hábitat isleño. En otras islas del Pacífico, incluyendo Hawai, existen problemas muy similares con las especies no nativas.

¿Dónde puedes encontrar el cementerio más hermoso del mundo?

En las cálidas y superficiales aguas de la costa nordeste de Australia. El cementerio en cuestión es ni más ni menos que la Gran Barrera de Coral, el grupo más grande del mundo de arrecifes coralinos. Un arrecife de coral es una formación seudorrocosa creada por una comunidad de diminutas criaturas marinas llamadas corales. Los corales viven adheridos al arrecife, construyendo duros esqueletos exteriores para proteger su blando y delicado cuerpo. Al morir, los esqueletos se convierten en parte del arrecife, que va creciendo poco a poco. La Gran Barrera de Coral se ha ido desarrollando durante miles de años y tiene una longitud de 2.012 km.

Por otro lado, la Gran Barrera de Coral constituye la máxima atracción turística del país. Los buceadores se sumergen en sus aguas poco profundas para admirar la increíble variedad de vida marina. Entre los centenares de tipos de coral del arrecife viven almejas, estrellas de mar, pepinos de mar y alrededor de mil quinientas especies diferentes de peces, muchos de ellos de llamativos colores para camuflarse con los cromáticos corales.

¿En qué país hay más habitantes con «cara» de oveja?

En Nueva Zelanda, donde la mayoría de habitantes son... ¡ovejas! Este país es uno de los líderes mundiales de exportación de lana –hay cincuenta ovejas por habitante–. La mayor parte de las ovejas neozelandesas, y también la mayoría de los ciudadanos, viven en la isla norte del país, ya que la sur es más montañosa.

¿Qué ofreció Nueva Zelanda a las mujeres antes que cualquier otro país del mundo?

No, no se trata de un jersey de lana, sino del derecho al voto. Esto sucedió en 1893. Le siguió Finlandia en 1906, Gran Bretaña en 1918 y Estados Unidos en 1920.

¿Qué tienen en común Nueva Zelanda e Islandia?

¿Sus antepasados vikingos? Pues no, los géiseres. AL igual que Islandia, la isla norte de Nueva Zelanda es volcánica y abundan los manantiales termales y los géiseres.

TEST

Si fueras un kiwi, ¿qué serías?

a) un ave

b) una fruta

c) un neozelandés

d) todo lo anterior

La respuesta correcta es la «d». Un kiwi es una curiosa ave no voladora nativa de Nueva Zelanda. También es una fruta que crece en este mismo país, y con el tiempo, los habitantes de Nueva Zelanda han adoptado este apodo.

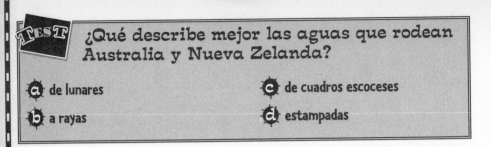

¿Qué describe mejor las aguas que rodean Australia y Nueva Zelanda?

a de lunares

b a rayas

c de cuadros escoceses

d estampadas

La respuesta correcta es la «a». El océano Pacífico Sur, cerca de Australia y Nueva Zelanda, está salpicado de islas –más de veinticinco mil–, creando una vasta región llamada Oceanía. La mayoría de las islas son pequeños «lunares» volcánicos que han emergido desde el suelo oceánico como consecuencia de sucesivas erupciones. Las islas se suelen dividir en tres áreas: Micronesia, Melanesia y Polinesia. Algunos territorios están bajo el control de Francia, Estados Unidos y otros países, aunque entre ellos existen doce naciones independientes.

Micronesia, del griego «islas pequeñas», está constituida por un grupo de centenares de islas, la mayoría de las cuales son minúsculos atolones de coral (círculos de coral con una laguna interior). Micronesia tiene una extensión de 7.770 km^2 de tierra y alrededor de 130.000 habitantes.

Melanesia, del griego «islas negras», a causa de la piel oscura de sus pobladores, está presidida por la gran isla de Nueva Guinea, en la que habita el 80% de la población de la región y ocupa el 93% de la tierra firme.

Polinesia, del griego «muchas islas», está formada por miles de islas coralinas y volcánicas en las que viven dos millones de habitantes. Los antiguos polinesios figuran entre los primeros navegantes del mundo. Recorrieron grandes distancias, aunque jamás registraron o documentaron sus descubrimientos, de manera que nunca sabremos qué fue exactamente lo que encontraron.

La isla de Nueva Guinea está dividida en dos unidades políticas: Irian Jaya, controlada por Indonesia, y Nueva Guinea Papúa, un país independiente. Las diversas etnias que habitan en Nueva Guinea Papúa hablan más lenguas –¡más de setecientas!– que en cualquier otro país.

CAPÍTULO 10

ANTÁRTIDA

¿EXISTE REALMENTE UN «POSTE» EN EL POLO SUR?

MÁS GRANDE, MÁS ALTO, MÁS PROFUNDO...

Tamaño:

Quinto continente más grande:
13.209.000 km²

Montaña más alta:

Macizo de Vinson: 4.897 m

Punto más bajo:

Zanja subglacial de Bentley:
2.538 m debajo del nivel del mar
y cubierta de una placa de nieve

Temperatura más baja:

Vostok Station: −89 ºC
el 21 de julio de 1983

¿Qué población tiene la Antártida?

¡Cero! En la Antártida no hay ciudades ni residentes permanentes. Incluso los pingüinos pasan la mayor parte del año en regiones más cálidas. No es pues de extrañar que el «frigorífico» más grande del mundo sea el continente más frío, más ventoso y más seco del planeta. Focas, ballenas y gaviotas acuden en bandadas para alimentarse en las aguas atestadas de peces cerca de la costa, al tiempo que una

infinidad de musgos, líquenes y algunas especies de insectos sobreviven en la Antártida. Científicos de todo el mundo viven allí durante varios meses, aunque no todo el año, para investigar la geología, animales y recursos antárticos.

¿Desde cuándo figura en los mapas la Antártida?

Desde hace dieciséis siglos antes de ser descubierta. En el siglo II a.C., el gran geógrafo griego Ptolomeo escribió un libro acerca de parajes desconocidos del mundo (Europa, Asia y el norte de África). En él describía una *terra australis incognita* o «tierra meridional desconocida». Al igual que otros filósofos y geógrafos de la época, Ptolomeo estaba convencido de que debía de haber una significativa masa de tierra en el hemisferio sur para equilibrar la tierra conocida en el hemisferio norte. Sin ella, razonaba, el planeta se inclinaría considerablemente hacia un lado.

Esta cuestión no fue constatada hasta el siglo XVIII, cuando el capitán inglés James Cook fue enviado en una misión secreta para desvelar el enigma de una vez por todas. Cook realizó tres viajes entre 1768 y 1779. En dos de ellos llegó hasta las inmediaciones de la Antártida, aunque no lo bastante cerca como para avistar tierra. Sus viajes sugerían la inexistencia de un continente meridional. Algunas islas próximas a la costa antártica fueron avistadas en 1820 por el capitán ballenero Nathaniel Palmer, y finalmente, aquel mismo año, el almirante ruso Bellingshausen descubrió el continente.

¿Por qué fue tan difícil encontrar la Antártida?

¡A causa del extremado fríooooo! En verano, las montañas de hielo se desprendían del continente, y en ocasiones, se precipitaban en el océano como innumerables cubitos de hielo en una coctelera. Navegar alrededor de los tormentosos y neblinosos mares de la Antártida es algo parecido a jugar a la ruleta rusa entre una infinidad de icebergs. No sólo son terriblemente peligrosos, sino que obstaculizan el paso a los barcos que pretenden aproximarse a tierra firme. Aunque estos colosales bloques congelados se compactan de nuevo en invierno, entonces el clima es muy frío y además reina una permanente oscuridad.

CITAS GEOGRÁFICAS

«La exploración polar es (...) la forma más fácil y aislada de pasarlo rematadamente mal.»

–Apsley Cherry-Garrard, *The Worst Journey in the World*

¿Qué le ocurre a la saliva en el invierno antártico?

Que se congela antes de llegar al suelo. En la Antártida, en 1983, se registró la temperatura más baja del planeta: –89 ºC. Las temperaturas invernales pueden alcanzar fácilmente –87 ºC, pero en verano, pueden subir hasta –18 ºC –un clima relativamente cálido–. La Antártida es mucho más fría que el Ártico, situado en el polo norte. Esto es debido a que tiene una altura media de 1.980 m, mientras que el Ártico se halla a nivel del mar.

«Antártida» significa «opuesto al Ártico», es decir, el área situada en las inmediaciones del polo norte del planeta. ¿Existen más diferencias entre ambos lugares?

- El Ártico es un océano, mientras que la Antártida es un continente de tierra firme.

- El Ártico está más bajo y es más cálido –relativamente hablando– que la Antártida.

- En la Antártida hay pingüinos; en el Ártico osos polares. En ninguno de los dos lugares hay árboles, y en ambos hay focas.

Si la Antártida es tan seca, ¿de dónde procede la nieve y el hielo?

La Antártida es un desierto polar en el que el aire frío y seco casi nunca produce nubes, y la escasa cantidad de nieve que cae permanece en el suelo durante miles de años, ya que nunca se funde. Dado que el hielo conserva antiguas rocas y organismos, los científicos pueden estudiar aspectos únicos acerca de la historia de la Tierra perforando el hielo tan antiguo del continente. Por desgracia, en estos últimos años, la nieve de la Antártida muestra signos de polución procedente de otras partes del globo.

Si visitas la costa antártica, deberás llevar una cazadora de triple grosor. El aire gélido genera vientos moderados en las regiones centrales del continente, pero cuando soplan en la planicie helada, hacia la costa, son huracanados. En la bahía Commonwealth, el viento puede alcanzar los 300 km/h, convirtiéndola en uno de los puntos más ventosos de la Tierra.

¿Cuál es el sombrero favorito de la Antártida?

¡El «casquete» de hielo! En efecto, este casquete, que cubre el continente, tiene un espesor medio de entre 1.829 y 4.572 m. La mayor parte del agua potable del planeta se halla «encerrada» en este macizo cubito de hielo. Su capa más gruesa, de 4.776 m, alcanza una altura de más de diez veces la torre Sears de Chicago.

¿Qué hay debajo del hielo?

Aunque no lo creas, debajo del hielo antártico hay innumerables montañas, lagos e incluso volcanes en activo. La tierra visible no es ni más ni menos que las cumbres de las montañas más altas, y en verano, unos cuantos kilómetros de costa que emerge tras el deshielo. Los científicos estiman que el lecho rocoso continental se ha hundido casi 600 m como resultado del peso de la capa de hielo.

¿Dónde encontrarás visitantes del espacio exterior?

En el hielo de la Antártida. Se han encontrado más de dieciséis mil fragmentos de meteoritos en la capa helada. Protegidos por el clima antártico, seco, frío y estable, se conservan en excelentes condiciones y han proporcionado información muy valiosa a los científicos acerca de la formación del sistema solar.

¿Dónde está el lago invisible más grande del mundo?

Debajo del hielo antártico. En 1996, con el uso de un radar, un equipo de científicos descubrió un enorme lago líquido a 4 km por debajo del casquete polar. Con 64 km de anchura y 400 m de profundidad, tiene un tamaño aproximado al del lago Ontario. Asimismo, es muy antiguo. Los investigadores estiman que el agua ha permanecido debajo del hielo entre quinientos mil y un millón de años.

Nadie sabe a ciencia cierta la causa por la que esta masa de agua, llamada lago Vostok, no se congela. Tal vez sea debido al calor geotérmico del subsuelo. La presión de la gruesa capa de hielo superior podrían mantenerlo en estado líquido o protegerlo de las gélidas temperaturas de la superficie. Cualquiera que sea la razón, los biólogos se sienten muy satisfechos. En 1999 descubrieron microbios, diminutas formas de vida viviendo en las antiguas aguas del lago Vostok y similares a las que se podrían encontrar en Europa, una de las lunas de Júpiter.

¿Dónde se hallan los icebergs más gigantescos del mundo?

Te lo imaginas, ¿verdad? En las aguas de la Antártida, aunque lo que quizá no llegues a imaginar es su asombroso tamaño. Los témpanos antárticos son tan grandes como estatuas, ya que se desprenden de las colosales cornisas de hielo situadas en el perímetro del continente. A principios del año 2000 los científicos localizaron el iceberg más grande jamás registrado; se había desgajado de la Cornisa de Hielo Ross. Bajo el agua, su tamaño podría ser diez veces más grande. Es probable que el ingente témpano continúe flotando en las aguas de la Antártida, donde otros monstruos siguen desprendiéndose a diario.

¿Por qué es difícil dormir en el polo sur en verano?

Porque nunca oscurece. En diciembre, la etapa intermedia del verano antártico, el sol nunca se pone por completo. En invierno sucede lo contrario. En junio, el sol nunca brilla totalmente, mientras que en mayo y julio el período de insolación se reduce a unas pocas horas. Este «día permanente» invernal es una consecuencia de la inclinación de la Tierra respecto a su eje.

¿Existe realmente un poste en el polo sur?

Sí y no. El «poste» (del término anglosajón *pole*, que significa «poste» y también «polo»; de ahí el juego de palabras...) del polo sur se refiere al eje de la Tierra, es decir, la línea imaginaria que discurre de norte a sur por el centro del planeta. Dado que este eje no existe realmente como objeto físico, el «poste» tampoco existe en la realidad, sino que se trata de un punto geográfico situado a 90° de latitud sur. Aun así, si visitas la estación emplazada en el polo sur, comprobarás que quienes se dedican allí a la investigación han colocado un poste de barbería a rayas para indicar la situación exacta del lugar.

En la Antártida, ¿la aguja de la brújula apunta hacia el norte?

No, lo hace hacia el sur, hacia el polo sur magnético. Nuestro planeta tiene dos polos magnéticos, es decir, sendos lugares en los que el campo magnético terrestre es más fuerte. Los polos norte y sur magnéticos no están situados en el mismo punto que los polos norte y sur geográficos. Hasta la fecha, el polo sur magnético se halla en el océano, frente a la bahía Commonwealth, en la Antártida. Por alguna razón, los polos magnéticos se desplazan ligeramente. Los científicos todavía no saben por qué, pero podría estar relacionado con las corrientes eléctricas que se generan en el núcleo terrestre.

¿Qué polo descubrieron primero los exploradores, el norte o el sur?

El norte, pero no mucho tiempo antes que el sur. Los exploradores norteamericanos Robert Peary y Matthew Henson alcanzaron el polo norte en 1909. El noruego Roald Amundsen también se dirigía hacia dicho polo cuando se enteró de que Peary ya lo había conseguido, de manera que dio media vuelta y puso rumbo al sur para conquistar el otro polo. Al mismo tiempo, otro explorador, el capitán británico Robert Scott, también se dirigía hacia el polo sur. Ambas expediciones deseaban que su país alcanzara la gloria de haber sido el primero en llegar al polo sur. ¡Toda una carrera!

Amundsen instaló su campamento base más cerca del polo que Scott, teniendo que cubrir un trayecto más corto que éste. Pero lo más importante tal vez sea haber hecho lo mismo que ya había realizado Robert Peary en su hazaña por la conquista del polo norte: imitar a los esquimales. En efecto, se desplazó más deprisa y más caliente con esquís y con prendas esquimales que el propio Scott se encargó de confeccionar. Utilizó perros en lugar de ponis para tirar de sus trineos. Amundsen venció a Scott por un mes, pues llegó el 14 de diciembre de 1911. Fuertes ventiscas sorprendieron al frustrado equipo de Scott en su viaje de regreso, pereciendo todos a causa de la congelación y el hambre cuando se hallaban a escasos kilómetros de su siguiente campamento base.

«Jueves 29 de marzo de 1912 (...). Cada día hemos estado preparados para partir hacia nuestro campamento base, situado a 18 km de distancia, pero fuera de la tienda los aterradores remolinos de las ventiscas componen un escenario permanente. No creo que por ahora podamos hacer nada al respecto. Resistiremos hasta el final, aunque cada día estamos más débiles y el final no puede estar lejos. Es una lástima, pero no creo que pueda escribir nada más.»

—Del diario de Robert Scott, encontrado después de su muerte

¿A quién pertenece la Antártida?

¡Buena pregunta! La respuesta es a nadie y a siete países. La Antártida no tiene residentes permanentes y ningún gobierno se ha adjudicado su dominio. De ahí que otras naciones hayan reivindicado diversas áreas de terreno. Algunos aseguran tener más derecho que otros, como Australia, Nueva Zelanda, Argentina y Chile; la Antártida es una prolongación de sus territorios meridionales, mientras que Noruega reclama esta tierra porque fue Roald Amundsen el primero que llegó al polo sur. Por su parte, el Reino Unido basa sus argumentos en que a Robert Scott le faltó muy poco para alcanzarlo. A su vez, Francia la reclama... bueno, a decir verdad éste es uno de los países cuya reivindicación carece de sentido. Otras ocho naciones, incluyendo Estados Unidos, han instalado estaciones de investigación en el continente, aunque no reclaman tierra alguna.

En 1959, doce países firmaron un Tratado de la Antártida que ponía fin a las reivindicaciones del continente y decía que la tierra sólo podía ser utilizada con fines pacíficos y científicos. Estas nueve naciones eran Argentina, Australia, Bélgica, Chile, Francia, Japón, Nueva Zelanda, Noruega, Sudáfrica, la Unión Soviética, el Reino Unido y Estados Unidos. Desde entonces, otros países han firmado el tratado. En 1991, otro acuerdo prohibía la extracción de minerales del continente y su venta.

¿Por qué el cielo de la Antártida parece una rosquilla?

Porque está presidido por un agujero enorme, aunque invisible. El agujero en cuestión se halla en la capa de ozono de la atmósfera, a una distancia de entre 16 y 48 km por encima de la superficie terrestre. Habitualmente, aparece en primavera y allí permanece durante varios meses.

El ozono es una forma especial de oxígeno. Cuando está cerca de la superficie de la Tierra constituye un contaminante tóxico que se convierte en niebla, pero lejos de la superficie forma un fino escudo que resulta esencial para filtrar los perjudiciales rayos ultravioleta del sol. Sin ozono, haría mucho tiempo que se habrían extinguido todos los seres vivos, incluyendo a los humanos. Una menor cantidad de ozono se traduce en más casos de cáncer de piel, daños en los ojos y otros problemas de salud. También influye muy negativamente en las cosechas y plantas en general.

Es probable que el agujero en la capa de ozono esté provocado por productos tales como los frigoríficos y los aerosoles en spray, que liberan sustancias químicas que «devoran» aquel escudo fundamental para la vida. La mayoría de los países han prohibido la utilización de estas sustancias. Aun así, pasarán cientos de años antes de que la atmósfera recupere su estado original.

¿Adónde se dirige la Nave Espacial Tierra?

La Nave Espacial Tierra, es decir, nuestro único hogar, es un lugar frágil y valioso, y debemos hacer cuanto esté en nuestras manos para cuidarla, aunque no siempre sepamos cómo. Como dijo en una ocasión el geógrafo, cartógrafo, inventor e ingeniero R. Buckminster Fuller: «[Existe] un hecho asombrosamente importante en relación con la Nave Espacial Tierra: no tiene libro de instrucciones». Este libro tenemos que escribirlo nosotros, y para ello hay que implicarse en un proceso interminable de aprendizaje, formulando preguntas geográficas acerca de dónde están las cosas y por qué y cómo han llegado hasta allí.

Nuestros antepasados iniciaron este proceso trazando los primeros mapas en las cavernas, y nosotros lo continuamos en la actualidad. Cuanto más aprendamos acerca de la Tierra, mejor preparados estaremos para afrontar los retos del tercer milenio y más allá. Pero independientemente de lo mucho que podamos aprender, siempre habrá más preguntas que formular y nuevos lugares que explorar.

CIUDADES POR CONTINENTES

PAÍSES QUE HAN CAMBIADO CON EL TIEMPO Y PAÍSES DE RECIENTE CREACIÓN

ÁFRICA

Angola
Argelia
Benín
Botswana
Burkina Faso
Burundi
Cabo Verde
Camerún
Chad
Comores
Congo
Costa de Marfil
Djibouti
Egipto
Eritrea
Etiopía
Gabón
Gambia
Ghana
Guinea
Guinea Ecuatorial
Guinea-Bissau
Kenya
Lesotho
Liberia
Libia
Madagascar
Malawi
Mali
Marruecos
Mauricio
Mauritania
Mozambique
Namibia
Niger

Nigeria
República Centroafricana
República Democrática del Congo
Ruanda
Santo Tomé y Príncipe
Senegal
Seychelles
Sierra Leona
Somalia
Sudáfrica
Sudán
Swazilandia
Tanzania
Togo
Túnez
Uganda
Zambia
Zimbabwe

ASIA

Afganistán
Arabia Saudí
Armenia
Azerbaiján
Bahrein
Bangladesh
Bhután
Brunei
Camboya
China
Chipre
Corea del Norte
Corea del Sur
Emiratos Árabes Unidos

Filipinas
Georgia
India
Indonesia
Irak
Irán
Israel
Japón
Jordania
Kazakstán
Kuwait
Kyrgyzstán
Laos
Líbano
Malasia
Maldivas
Mongolia
Myanmar
Nepal
Omán
Pakistán
Qatar
Singapur
Siria
Sri Lanka
Tailandia
Taiwán*
Tajikistán
Turkmenistán
Turquía
Uzbekistán

* Sus habitantes consideran Taiwán un país independiente, pero China lo considera una provincia de su propio país.

Vietnam
Yemen

EUROPA

Albania
Alemania
Andorra
Austria
Bélgica
Bielorrusia
Bosnia Herzegovina
Bulgaria
Ciudad del Vaticano
Croacia
Dinamarca
Eslovaquia
España
Estonia
Finlandia
Francia
Grecia
Holanda
Hungría
Irlanda
Islandia
Italia
Letonia
Liechtenstein
Lituania
Luxemburgo
Macedonia
Malta
Moldavia
Mónaco
Noruega
Polonia
Portugal

Reino Unido
República Checa
Rumanía
Rusia
San Marino
Suecia
Suiza
Ucrania
Yugoslavia

AMÉRICA DEL NORTE

Antigua y Barbudas
Bahamas
Barbados
Bélize
Canadá
Costa Rica
Cuba
Dominica
El Salvador
Estados Unidos
Grenada
Guatemala
Haití
Honduras
Jamaica
México
Nicaragua
Panamá
República Dominicana
San Kitts y Nevis
San Vicente
    y las Granadinas
Santa Lucía
Trinidad y Tobago

AMÉRICA DEL SUR

Argentina
Bolivia
Brasil
Chile
Colombia
Ecuador
Guayana
Paraguay
Perú
Surinám
Uruguay
Venezuela

AUSTRALIA, NUEVA ZELANDA Y OCEANÍA

Australia
Fidji
Islas Marshall
Islas Solomon
Kiribati
Micronesia
Nauru
Nueva Guinea Papúa
Nueva Zelanda
Palau
Samoa
Tonga
Tuvalu
Vanautu

Hitos Históricos

a. C.

10000-8000 Aparecen los primeros pueblos en Oriente Medio.

hacia 5000 Las primeras embarcaciones surcan las riberas de Mesopotamia.

2800-1500 Construcción de Stonehenge. Este antiguo círculo de piedras, en Inglaterra, tal vez fuera un centro religioso y un reloj astronómico.

hacia 2300 En Mesopotamia se traza un mapa de la ciudad de Lagash.

hacia 2000 En China surgen los primeros asentamientos amurallados.

hacia 1800 Se construyen pirámides en los Andes (santuarios religiosos).

hacia 1600 Colonización de las islas del Pacífico.

hacia 1500 Surge la cultura olmeca en México.

hacia 900 Los babilonios trazan el primer mapa del mundo que se haya registrado hasta la fecha.

hacia 850 Homero escribe *La Odisea*, el primer trabajo literario y geográfico.

hacia 750 Los estados-metropoli griegas empiezan a expandirse por todo el Mediterráneo.

hacia 600 La ciudad africana de Meroë se convierte en un centro del trabajo del hierro y el comercio.

hacia 530 Los discípulos de Pitágoras, en Grecia, enseñan que el mundo es redondo y no tiene forma de disco.

hacia 320-310 Aristarco afirma que la Tierra gira alrededor del sol.

hacia 240 Eratóstenes calcula la circunferencia de la Tierra.

214 Se inicia la construcción de la Gran Muralla en China.

hacia 190-120 El astrónomo griego Hiparco es el primero en utilizar la latitud y la longitud.

hacia 112 Se abre la Ruta de la Seda a través de Asia central, permitiendo el comercio entre China y Europa.

hacia 10 *Geografía*, la obra en diecisiete volúmenes del geógrafo griego Estrabón, describe el mundo tal y como lo conocían las culturas mediterráneas.

d. C.

100 Apogeo del Imperio Romano.

hacia 130 En sus obras cumbre, Ptolomeo sitúa el «norte» en la parte superior del mapa y asegura que la Tierra es el centro del sistema solar.

271 En China se usa la brújula magnética.

618 Aparece la dinastía Tang en China, que toma el control de una buena parte de la Ruta de la Seda. Chang'an tiene más de un millón de habitantes.

700 Se fundan las primeras aldeas en el sudoeste americano.

hacia 1000 Los vikingos colonizan diversas regiones de América del Norte, aunque sin dejar una profunda huella en la zona.

1095 Empiezan las Cruzadas cristianas, fomentando el contacto y el comercio con Oriente.

1206 Los mongoles inician la conquista de Asia capitaneados por Gengis Khan.

1275 Marco Polo llega a China.

hacia 1325 El gran viajero africano Ibn Battuta inicia sus periplos a través de África y Asia.

hacia 1440 El príncipe Enrique el Navegante de Portugal envía a sus hombres para explorar la costa africana.

1444 Los portugueses traen a Europa los primeros esclavos africanos.

1487 Bartolomé Díaz navega alrededor de la punta meridional de África.

1492 Cristóbal Colón llega al Caribe.

1497 El italiano Giovanni Caboto, trabajando para Inglaterra, llega a Terranova (América del Norte).

1497-1498 Vasco da Gama es el primer europeo que navega hasta India y regresa a su puerto de origen.

1499 Americo Vespucio llega a América.

1505 Los portugueses fundan centros comerciales en África oriental.

1507 El mapa de Waldseemüller bautiza el Nuevo Mundo en homenaje a Americo Vespucio.

1513 El español Vasco Núñez de Balboa es el primer europeo que navega hasta el océano Pacífico.

1519-1522 La embarcación de Fernando de Magallanes es la primera que da la vuelta al mundo.

1521	El español Hernán Cortés conquista la capital azteca de Tenochtitlán.
1532	El español Francisco Pizarro conquista a los incas en Perú.
1543	El astrónomo polaco Nicolás Copérnico afirma que la Tierra gira alrededor del sol.
1577-1580	Sir Francis Drake es el primer inglés que navega alrededor del mundo.
1584	El explorador inglés sir Walter Raleigh intenta infructuosamente establecer una colonia en Virginia.
1588	Los ingleses derrotan a la Armada Española, iniciando así su supremacía en los mares.
1606	Navegantes holandeses avistan la costa australiana.
1607	Se funda en Jamestown, Virginia, el primer asentamiento inglés permanente.
1609	Se inventa el telescopio. Galileo lo utiliza para confirmar que la Tierra gira alrededor del sol.
1620	Los English Pilgrims, o primeros colonizadores de Nueva Inglaterra, parten hacia Massachusetts en el *Mayflower*.
1645	El holandés Abel Tasman navega alrededor de Australia y descubre Nueva Zelanda.
1675	Se funda en Inglaterra el Observatorio Greenwich, que pasa a convertirse en el centro científico más importante del mundo.
1772	El capitán inglés James Cook zarpa en busca de la Antártida. No consigue alcanzar su objetivo, pero traza un mapa de Australia.
1803	En la Louisiana Purchase, el presidente americano Thomas Jefferson compra una ingente cantidad de tierra a Francia, más del doble del tamaño de Estados Unidos.
1804-1806	Lewis y Clark cartografían una ruta hacia el Pacífico a través del oeste de América del Norte.
1825	En Londres se inaugura la primera línea de ferrocarriles.
1830	La población mundial es de 1.000 millones de habitantes.
1831-1836	Charles Darwin, naturalista británico, navega a lo largo de la costa sudamericana y empieza a desarrollar su revolucionaria teoría de la selección natural.
1841-1873	El misionero escocés David Livingstone explora el interior de África.
1848-1849	Decenas de miles de colonos invaden el oeste americano en lo que se conoce como la fiebre del oro californiana.

1854 El comodoro americano Matthew Perry abre Japón a los occidentales después de doscientos cincuenta años de aislamiento.

1856 Se declara el monte Everest como la montaña más alta del mundo.

1869 El «Golden Spike» llega hasta Promontory Point, Utah, completando la primera ruta transcontinental de vía férrea a través de Estados Unidos.

1869 Se abre el Canal de Suez entre el Mediterráneo y el mar Rojo, de forma que la ruta desde Inglaterra hasta India se acorta unos 6.400 km.

1872 Se funda el Servicio Geológico de Estados Unidos, que se encargará de cartografiar todo el país.

1903 Orville y Wilbur Wright hacen volar satisfactoriamente el primer aeroplano en Kitty Hawk, Carolina del Norte.

1909 El explorador norteamericano Robert Peary y su colaborador Matthew Henson llegan al polo norte.

1911 El explorador noruego Roald Amundsen llega al polo sur, adelantándose en un mes a la expedición del británico Scott.

1913 Se acepta como meridiano principal la línea de longitud que pasa por el Observatorio de Greenwich.

1914 Se abre el Canal de Panamá, que une el océano Atlántico y el Pacífico, acortando el viaje alrededor del mundo en casi 12.900 km.

1914-1918 Tras la primera guerra mundial, se modifican los mapas de Europa y de sus colonias.

1917 El Ferrocarril Transiberiano, el más largo del mundo, une Moscú y el mar del Japón, potenciando el desarrollo de Siberia.

1922 Se proclama la creación de la Unión de Repúblicas Socialistas Soviéticas (Unión Soviética).

1925 En África se descubre el primer cráneo de australopiteco.

1927 El aviador norteamericano Charles Lindbergh realiza un vuelo en solitario y sin escalas a través del Atlántico en su aeroplano *Spirit of Saint Louis*.

1939-1945 La segunda guerra mundial retraza las fronteras en Europa y Asia.

1945 Se fundan Las Naciones Unidas.

1948 Independencia del estado de Israel.

1953 El neozelandés sir Edmund Hillary y su *sherpa* nepalí Tenzing Norgay son los primeros en alcanzar la cumbre del monte Everest.

1957 La Unión Soviética lanza al espacio el primer satélite, *Sputnik I*.

1961 El cosmonauta soviético Yuri Gagarin es el primero en viajar al espacio.

1964 Finalizan las obras de construcción de la presa de Asuán, en el Nilo. Construida para irrigar y proporcionar energía eléctrica a Egipto, cambia profundamente el ecosistema del río.

1969 El norteamericano Neil Armstrong es el primer humano que pisa la luna.

1970 Se celebra el primer Día de la Tierra para fomentar la concienciación sobre la protección del entorno.

1975 La población mundial es de 4.000 millones de habitantes.

1984 Se detecta el primer agujero en la capa de ozono en la Antártica.

1984 Investigadores soviéticos perforan en Siberia el hoyo más profundo del mundo, alcanzando la corteza inferior de la Tierra.

1990 Finaliza el apartheid en Sudáfrica.

1990 Se lanza el telescopio espacial Hubble, que permite a los científicos observar casi los confines del universo.

1990 Se lanza la primera World Wide Web, facilitando la utilización de Internet a los usuarios.

1991 Las repúblicas soviéticas declaran su independencia, poniendo punto y final a la Unión Soviética.

1992 La antigua Yugoslavia se fragmenta en cinco nuevas repúblicas.

1999 La población mundial es de 6.000 millones de habitantes.

GLOSARIO

apartheid: sntiguo sistema de discriminación racial legal en Sudáfrica.

archipiélago: cadena de islas.

árido: seco y estéril, sin suficiente agua para que crezcan las plantas.

arrecife de coral: formación multicolor formada por esqueletos de coral en aguas cálidas y poco profundas.

atlas: libro de mapas.

atmósfera: capa de aire que rodea el planeta.

atolón: isla de coral en forma de anillo con una laguna interior.

bahía: pequeña masa de agua parcialmente rodeada de tierra.

barlovento: la cara de un objeto encarada al viento.

bematistes: quien calcula distancias midiendo sus propios pasos.

canal: vía de agua artificial.

cañón: valle largo y estrecho que se levanta casi verticalmente a ambos lados.

capacidad de carga: el número máximo de personas que un área es capaz de soportar con sus alimentos, agua y otros recursos.

cartógrafo: persona que traza mapas.

ciclón: gran tormenta en forma de espiral.

circunferencia: distancia alrededor de un círculo o esfera.

clima: pautas climatológicas a lo largo del tiempo.

colonia: área de tierra controlada por otro país.

combustible fósil: combustible como el carbón, petróleo o gas natural que se forma a partir de los restos de plantas o animales que vivieron en eras remotas.

continente: una de las grandes masas terrestres del planeta.

corriente: vía de agua que fluye en una determinada dirección a lo largo o por debajo de la superficie de una masa de agua, como por ejemplo un río u océano.

cultura: ideas, arte, conocimientos y herramientas de un pueblo particular en un momento determinado del tiempo.

delta: área de tierra triangular y fértil alrededor de la desembocadura de un río.

deriva continental: teoría según la cual los continentes actuales fueron en su día una sola masa de tierra y que se separaron hace millones de años.

desertización: crecimiento de un desierto a causa de la pérdida de vegetación.

desierto: área de tierra que recibe menos de 25 cm/m^2 de lluvia al año.

división continental: línea de altas montañas que separa los sistemas fluviales que fluyen hacia distintas vertientes de un continente.

ecosistema: grupo de seres vivos que dependen unos de otros y del entorno en el que viven.

ecuador: línea imaginaria que discurre alrededor del centro de la Tierra en la latitud cero.

edad de hielo: período histórico en el que las placas de hielo y los glaciares cubrían la mayor parte de la superficie de la Tierra. La última finalizó hace alrededor de diez mil años.

efecto invernadero: calentamiento gradual de la Tierra provocado por la presencia en la atmósfera de una cantidad excesiva de dióxido de carbono y otros gases tóxicos.

El Niño: corriente oceánica cálida que fluye desde el océano Pacífico oriental.

elevación: altura de un área sobre el nivel del mar.

emigrante: quien se marcha de su país natal.

erosión: desaparición gradual de la roca o tierra por la acción del viento, agua o hielo.

escala de Richter: sistema numérico que mide la energía liberada por un terremoto.

escala: relación entre la medida en un mapa y la distancia real en la superficie terrestre.

estado: grupo de personas unidas bajo un único gobierno, o unidades políticas que integran un país.

este: regiones del hemisferio oriental.

estepa: llano frío y sin árboles cubierto de hierba corta.

estrecho: estrecho canal de agua que une dos masas de agua más grandes.

falla: fisura en la superficie terrestre.

fiordo: golfo costero alto y estrecho formado por ríos y glaciares.

fósil: restos de una planta o animal que vivió en eras remotas.

glaciar: ingente capa de hielo y nieve.

golfo: gran porción de océano parcialmente rodeada de tierra.

hambruna: largos períodos de extrema escasez de alimentos que afecta a una extensa región.

hemisferio: una mitad del mundo.

huracán: enorme tormenta tropical en forma de espiral que suele desencadenar intensas lluvias y fuertes vientos.

inmigrante: quien llega a un nuevo país.

isla: masa de tierra más pequeña que un continente y totalmente rodeada de agua.

istmo: franja estrecha de tierra que une dos masas de tierra más grandes.

lago: gran masa de agua rodeada de tierra.

latitud: cuán al norte o al sur del ecuador está situado un lugar, medido por líneas imaginarias que circundan horizontalmente la Tierra.

lava: roca líquida incandescente que erupciona por el cráter de un volcán.

leyenda: clave de un mapa que explica el significado de los símbolos.

línea horaria internacional: línea imaginaria en el océano Pacífico aproximadamente a 180° de longitud que separa un día del siguiente.

llano: área de tierra grande, llana y casi siempre sin árboles.

lluvia ácida: agua de lluvia que contiene sustancias químicas que se transforman en ácidos como resultado de la polución del aire.

longitud: cuán al este o al oeste del primer meridiano está situado un lugar, medido por líneas imaginarias que atraviesan la Tierra de polo a polo.

magma: roca líquida incandescente situada debajo de la corteza terrestre.

manto: parte de la Tierra situada entre el núcleo y la corteza.

mapa: representación de un lugar o área de la superficie terrestre.

mapa climático: mapa que indica el clima de una región.

mapa en relieve: mapa que muestra la elevación de un área sobre el nivel del mar.

mapa físico: mapa que muestra los rasgos físicos de un área, tales como las montañas o ríos.

mapa político: mapa que muestra las fronteras, países, ciudades y capitales.

mar: sección más pequeña de un océano.

marea: subida y bajada del océano que se produce dos veces al día.

migración: movimiento de personas o animales de un lugar a otro.

moderado: clima sin calor o frío extremo.

montaña: masa de roca elevada por encima de la tierra que la rodea.

monzón: viento que cambia de dirección según las estaciones.

nación: grupo de personas, casi siempre de una cultura común, que tienen o desean tener un gobierno propio.

nivel del mar: nivel de la superficie oceánica.

océano: inmensa masa de agua salada que cubre casi las tres cuartas partes de la Tierra, o una de las cuatro secciones principales del gran océano mundial: Ártico, Atlántico, Índico y Pacífico.

oeste: regiones del hemisferio oeste.

ozono: tipo especial de oxígeno presente en la atmósfera terrestre que protege la vida de los rayos ultravioleta del sol.

país: territorio de una nación o tierra que le pertenece.

pampas: praderas llanas de América del Sur.

pangeas: supercontinente que existió hace 220 millones de años.

paralelo: línea de latitud.

península: fragmento largo de tierra rodeado de agua por tres partes.

permafrost: suelo permanentemente congelado.

placa: gran pieza de la corteza terrestre.

planicie: área de terreno alta y elevada.

población: número de seres vivos de un área determinada.

polución: material que contamina el aire, el agua o el suelo.

primer meridiano: línea de longitud cero que atraviesa Greenwich (Inglaterra).

proyección: proceso que consiste en mostrar la Tierra redonda en una superficie plana, como un mapa.

puerto: área protegida de agua en la que pueden fondear las embarcaciones.

puntos cardinales: principales direcciones de la brújula (norte, sur, este y oeste).

recurso no renovable: recurso natural no susceptible de ser reutilizado una vez usado.

recurso renovable: recurso natural que se puede reciclar continuamente.

refugiado: persona que huye de su propio país a causa de un peligro.

región: área de la Tierra que por lo menos tiene una característica física o humana común.

rosa de los vientos: elemento del mapa que señala en norte, sur, este y oeste.

sabana: área de praderas tropicales.

selva pluvial: selva que recibe intensas lluvias y que es rica en vegetación y vida animal.

sistema solar: todos los planetas, satélites y astros que viajan alrededor del sol.

sotavento: la cara de un objeto que está resguardada del viento.

taiga: bosque ártico, frío y de hoja perenne.

Tercer Mundo: término usado para describir a los países subdesarrollados.

terremoto: ondas en la superficie terrestre provocadas por el movimiento a lo largo de las líneas de falla.

tifón: huracán que se origina en el oeste del océano Pacífico.

topografía: rasgos físicos.

tornado: violenta tormenta que genera una columna de aire de rápido desplazamiento.

trópicos: áreas cálidas que se extienden 23° de latitud al norte y al sur del ecuador.

tsunami: enorme ola oceánica de rápido desplazamiento provocada por un terremoto.

tundra: llano frío y sin árboles con un subsuelo permanentemente congelado.

volcán: abertura en la superficie terrestre que se forma al erupcionar la lava, gases y rocas, o al estallar desde las profundidades del planeta.

BIBLIOGRAFÍA

Bell, Neill, *The Book of Where: Or How to Be Naturally Geographic*, Boston, Little Brown, 1982.

Davis, Kenneth C., *Don't Know Much About Geography*, Nueva York, Avon Books, 1992.

Demko, George, *Why in the World: Adventures in Geography*, Nueva York, Anchor Books, 1992.

Farndon, John, *Dictionary of the Earth*, Londres, Dorling Kindersley, 1994.

Fritz, Jean, *Around the World in a Hundred Years*, Nueva York, Putnam & Grosset Group, 1994.

Glicksman, Jane, *Cool Geography*, Nueva York, Price Sterling Sloan, 1998.

McDonald, Fiona, *Explorers: Expeditions and Pioneers*, Nueva York, Franklin Watts, 1994.

Marshall, Bruce, editor, *The Real World: Understanding the Modern World Through the New Geography*, Londres, Houghton Mifflin, 1991.

Mason, Antony, *The Children's Atlas of Exploration*, Brookfield, Connecticut, The Millbrook Books Press, 1993.

National Geographic Society, *Exploring Your World: The Adventure of Geography*, Washington D.C., National Geographic Society, 1993.

Newby, Eric, *The World Atlas of Exploration*, Nueva York, Rand McNally, 1975.

The Random House Atlas of the Oceans, Nueva York, Random House, 1991.

Rosenthal, Paul, *Where on Earth*, Nueva York, Alfred A. Knopf, 1992.

Sherer, Thomas E., jr., *The Complete Idiot's Guide to Geography*, Nueva York, Alpha Books, 1997.

Stefoff, Rebecca, *Accidental Explorers*, Nueva York, Oxford University Press, 1992.

—, *Women of the World: Surprises and Side Trips in the History of Discovery*, Nueva York, Oxford University Press, 1992.

Tufty, Barbara, *1001 Questions Answered About Earthquakes, Avalanches, Floods and Other Natural Disasters*, Nueva York, Dover Publications, 1969.

Waechter, John, *Man Before History*, Oxford, Inglaterra, Phaidon Press, 1976.

Watson, Benjamin A., *The Old Farmer's Almanac Book of Weather & Natural Disasters*, Nueva York, Random House, 1993.

Wonders of the World, Chicago, Worlds Book, 1997.

World Geography, Alexandria, Virginia, Time Life Books, 1999.